SÉRIE SUSTENTABILIDADE

Energia Nuclear
e Sustentabilidade

Blucher

SÉRIE SUSTENTABILIDADE

JOSÉ GOLDEMBERG

Coordenador

Energia Nuclear e Sustentabilidade

VOLUME 10

LEONAM DOS SANTOS GUIMARÃES
JOÃO ROBERTO LOUREIRO DE MATTOS

Energia Nuclear
© 2010 Leonam dos Santos Guimarães
    João Roberto Loureiro de Mattos
Editora Edgard Blucher Ltda.

Blucher

Rua Pedroso Alvarenga, 1.245, 4º andar
04531-012 – São Paulo – SP – Brasil
Tel.: 55 (11) 3078-5366
editora@blucher.com.br
www.blucher.com.br

Segundo Novo Acordo Ortográfico, conforme 5. ed. do *Vocabulário Ortográfico da Língua Portuguesa*, Academia Brasileira de Letras, março de 2009.

É proibida a reprodução total ou parcial por quaisquer meios, sem autorização escrita da Editora.

Todos os direitos reservados pela
Editora Edgard Blücher Ltda.

Ficha Catalográfica

Guimarães, Leonam dos Santos
  Energia nuclear e sustentabilidade / Leonam dos Santos Guimarães; João Roberto Loureiro de Mattos. -- São Paulo: Blucher, 2010. --
(Série sustentabilidade; v. 10 / José Goldemberg, coordenador)

ISBN 978-85-212-0571-5

1. Desenvolvimento sustentável 2. Energia nuclear 3. Física nuclear 4. Política nuclear 5. Poluição radioativa I. Mattos, João Roberto Loureiro. II. Goldemberg, José. III. Título. IV. Série.

10-12157   CDD-333.7924

Índices para catálogo sistemático:
1. Energia nuclear e sustentabilidade: Economia   333.7924

Apresentação

Prof. José Goldemberg
Coordenador

O conceito de desenvolvimento sustentável formulado pela Comissão Brundtland tem origem na década de 1970, no século passado, que se caracterizou por um grande pessimismo sobre o futuro da civilização como a conhecemos. Nessa época, o Clube de Roma – principalmente por meio do livro *The limits to growth* [*Os limites do crescimento*] – analisou as consequências do rápido crescimento da população mundial sobre os recursos naturais finitos, como havia sido feito em 1798, por Thomas Malthus, em relação à produção de alimentos. O argumento é o de que a população mundial, a industrialização, a poluição e o esgotamento dos recursos naturais aumentavam exponencialmente, enquanto a disponibilidade dos recursos aumentaria linearmente. As previsões do Clube de Roma pareciam ser confirmadas com a "crise do petróleo de 1973", em que o custo do produto aumentou cinco vezes, lançando o mundo em uma enorme crise financeira. Só mudanças drásticas no estilo de vida da população permitiriam evitar um colapso da civilização, segundo essas previsões.

A reação a essa visão pessimista veio da Organização das Nações Unidas que, em 1983, criou uma Comissão presidida pela Primeira Ministra da Noruega, Gro Brundtland, para analisar o problema. A solução proposta por essa Comissão em seu relatório final, datado de 1987, foi a de recomendar um padrão de uso de recursos naturais que atendesse às atuais necessidades da humanidade, preservando o meio ambiente, de modo que as futuras gerações poderiam também atender suas necessidades. Essa é uma visão mais otimista que a visão do Clube de Roma e foi entusiasticamente recebida.

Como consequência, a Convenção do Clima, a Convenção da Biodiversidade e a Agenda 21 foram adotadas no Rio de Janeiro, em 1992, com recomendações abrangentes sobre o novo tipo de desenvolvimento sustentável. A Agenda 21, em particular, teve uma enorme influência no mundo em todas as áreas, reforçando o movimento ambientalista.

Nesse panorama histórico e em ressonância com o momento que atravessamos, a Editora Blucher, em 2009, convidou pesquisadores nacionais para preparar análises do impacto do conceito de desenvolvimento sustentável no Brasil, e idealizou a *Série Sustentabilidade*, assim distribuída:

1. **População e Ambiente: desafios à sustentabilidade**
   Daniel Joseph Hogan/Eduardo Marandola Jr./Ricardo Ojima

2. **Segurança e Alimento**
   Bernadette D. G. M. Franco/Silvia M. Franciscato Cozzolino

3. **Espécies e Ecossistemas**
   Fábio Olmos

4. **Energia e Desenvolvimento Sustentável**
   José Goldemberg

5. **O Desafio da Sustentabilidade na Construção Civil**
   Vahan Agopyan/Vanderley Moacyr John

6. **Metrópoles e o Desafio Urbano Frente ao Meio Ambiente**
   Marcelo de Andrade Roméro/Gilda Collet Bruna

7. **Sustentabilidade dos Oceanos**
   Sônia Maria Flores Gianesella/Flávia Marisa Prado Saldanha-Corrêa

8. **Espaço**
   José Carlos Neves Epiphanio/Evlyn Márcia Leão de Moraes Novo/Luiz Augusto Toledo Machado

9. **Antártica e as Mudanças Globais: um desafio para a humanidade**
   Jefferson Cardia Simões/Carlos Alberto Eiras Garcia/Heitor Evangelista/Lúcia de Siqueira Campos/Maurício Magalhães Mata/Ulisses Franz Bremer

10. **Energia Nuclear e Sustentabilidade**
    Leonam dos Santos Guimarães/João Roberto Loureiro de Mattos

O objetivo da *Série Sustentabilidade* é analisar o que está sendo feito para evitar um crescimento populacional sem controle e uma industrialização predatória, em que a ênfase seja apenas o crescimento econômico, bem como o que pode ser feito para reduzir a poluição e os impactos ambientais em geral, aumentar a produção de alimentos sem destruir as florestas e evitar a exaustão dos recursos naturais por meio do uso de fontes de energia de outros produtos renováveis.

Este é um dos volumes da *Série Sustentabilidade*, resultado de esforços de uma equipe de renomados pesquisadores professores.

Referências bibliográficas

MATTHEWS, Donella H. et al. *The limits to growth*. New York: Universe Books, 1972.

WCED. *Our common future*. Report of the World Commission on Environment and Development. Oxford: Oxford University Press, 1987.

Prefácio

Leonam dos Santos Guimarães
João Roberto Loureiro de Mattos

A indústria mundial de geração elétrica nuclear já acumulou mais de 14.000 reatores/ano de experiência operacional do final da década de 1950 até hoje. São 436 usinas nucleares distribuídas por 34 países, porém concentrada naqueles mais desenvolvidos, que respondem atualmente por 16% de toda geração elétrica mundial.

Dezesseis países dependem da energia nuclear para produzir mais de um quarto de suas necessidades de eletricidade. França e Lituânia obtêm cerca de três quartos de sua energia elétrica da fonte nuclear, enquanto Bélgica, Bulgária, Hungria, Eslováquia, Coréia do Sul, Suécia, Suíça, Eslovênia e Ucrânia mais de um terço. Japão, Alemanha e Finlândia geram mais de um quarto, enquanto os Estados Unidos cerca de um quinto.

Apesar de poucas unidades terem sido construídas nos últimos 15 anos, as usinas nucleares existentes estão produzindo mais eletricidade. O aumento na geração nos últimos sete anos equivale a 30 novas usinas e foi obtido pela repotencialização e melhoria do desempenho das unidades existentes.

Hoje, entretanto, existem renovadas perspectivas para novas usinas tanto em países com um parque nuclear estabelecido como em alguns novos países. Os países BRIC (Brasil, Rússia, Índia e China) são particularmente importantes nesse contexto.

Encontram-se em construção no mundo 53 usinas (Angra 3 é uma delas), às quais se somam encomendas firmes para outras 135. Além destas, mais 295 estão sendo consideradas até 2030 pelo planejamento energético de diversos países (dentre os quais o Brasil que planeja de 4 a 8 usinas adicionais nesse horizonte de tempo).

A geração elétrica nuclear deve ser colocada no contexto mais amplo do desenvolvimento energético mundial. Esse tema retornou ao debate público após ter ficado muitos anos à margem depois das crises do petróleo dos anos 1970. Isso se deve a preocupações renovadas sobre a segurança do fornecimento de óleo e gás em longo prazo, indicada pela significativa escalada de preços, mas também pelas preocupações com as consequências ambientais da contínua exploração em massa dos recursos em combustíveis fósseis.

Baseado nos princípios do desenvolvimento sustentável, as mais recentes análises de ciclo de vida das várias opções de geração elétrica não conseguem elaborar um cenário para os próximos 50 anos no qual não haja uma significativa participação da fonte nuclear para atender às demandas de geração de energia concentrada, juntamente com as renováveis, para atender às necessidades dispersas.

A alternativa a isto seria exaurir os combustíveis fósseis, aumentando brutalmente a emissão de gases de efeito estufa, ou negar as aspirações de melhoria de qualidade de vida para bilhões de pessoas da geração de nossos netos.

Conteúdo

Introdução, 13

1 A contribuição da opção nuclear numa economia menos dependente do carbono, 17

    1.1   O desenvolvimento econômico e a demanda mundial por energia elétrica, 17

    1.2   A matriz elétrica mundial e o seu impacto ambiental, 28

    1.3   A contribuição da opção nuclear para mitigar os efeitos ambientais, 42

    1.4   O papel da geração nuclear na matriz elétrica brasileira, 52

2 Combustíveis nucleares e sustentabilidade, 63

    2.1   Exploração, 66

    2.2   Processo de conversão de U_3O_8 em UF_6, 68

    2.3   Enriquecimento, 69

    2.4   Os combustíveis nucleares e suas reservas conhecidas, 74

    2.5   Horizonte para 2030 considerando as tecnologias atuais, 76

    2.6   O Brasil e o seu capital energético nuclear, 80

    2.7   Evolução tecnológica e sustentabilidade, 84

3 Aspectos de segurança e confiabilidade, 89

3.1 Acidentes nucleares, 89

3.2 Experiência operacional acumulada, 95

3.3 Reatores atuais e de Geração IV, 97

4 Competitividade e custo, 107

4.1 Preços dos combustíveis para gerar eletricidade, 107

4.2 Evolução de preços considerando aumento de demanda e incorporação de custos ambientais, 110

5 Rejeitos radioativos, 113

5.1 Gestão dos rejeitos de alta atividade dos combustíveis usados: soluções atuais, 116

5.2 Reciclagem de combustível usado, 118

5.3 Disposição de combustíveis usados e outros rejeitos de alta atividade, 119

5.4 Novas tecnologias, 122

6 Resistência à proliferação, 125

6.1 Desenvolvimento da tecnologia nuclear e proliferação, 125

6.2 Desarmamento e esforços contra a proliferação nuclear, 127

7 Aceitação pública, 131

7.1 Situação e tendências atuais, 131

7.2 Perspectivas futuras, 132

8 Considerações finais, 137

9 Anexo, 143

Introdução

A humanidade não pode andar para trás. Uma população mundial cada vez maior e mais urbana vai exigir uma vasta quantidade de energia para o fornecimento de água doce para fábricas, casas e transporte, bem como para suporte a infraestrutura para nutrição, educação e saúde.

Atender a essas necessidades vai exigir que se lance mão de todas as fontes disponíveis. Paralelamente, entretanto, a matriz energética mundial deve evoluir com velocidade, limitando o uso indiscriminado de combustíveis fósseis. A redução do seu consumo irá preservar o meio ambiente – e esses mesmos recursos não renováveis – para as gerações futuras.

A estabilização do acúmulo de gases atmosféricos causadores do efeito estufa exige que as emissões mundiais sejam cortadas pela metade. Esse desafio torna-se ainda maior em face da necessidade de aumentar o padrão de vida em países mais pobres. Mesmo que os países desenvolvidos abracem tecnologias de conservação e energia limpa, as enormes populações desses países logo irão emitir mais gases do que são hoje produzidos no mundo industrial. Brasil, Índia e China, que juntos constituem 50% da humanidade, estão avançando economicamente de forma muito rápida. Nenhuma questão é mais importante na agenda mundial do que refletir sobre como essas nações e outros países em desenvolvimento atenderão às suas necessidades energéticas, intensificadas rapidamente pelo desenvolvimento econômico e social. Encontra-se em jogo o futuro da biosfera.

De forma a fazer frente a esse inevitável aumento das emissões, mas garantindo a redução no total global, os países industrializados deverão cortar suas emissões em pelo menos 75%. Para estabilizar emissões e ao mesmo tempo expandir o suprimento de energia, o mundo necessita urgentemente da introdução maciça de tecnologias de geração de energia com baixas emissões.

As megacidades do futuro poderão funcionar com poucas emissões diretas pelo uso intensivo da eletricidade, seja por baterias recarregáveis, seja por células de combustível usando hidrogênio produzido por hidrólise da água. Sendo a eletricidade a maneira mais efetiva de distribuir energia, o desafio será gerar grande suprimento de energia elétrica de forma limpa.

A energia nuclear continua a ser uma questão controversa para as políticas públicas sobre a energia e o ambiente em virtude de fatores ligados ao gerenciamento de rejeitos, às consequências de acidentes severos, à proliferação nuclear horizontal e à competitividade econômica. As questões referentes às mudanças climáticas e à segurança de abastecimento de energia elétrica têm trazido uma nova lógica para o seu ressurgimento na agenda política internacional.

Recentes orientações de política nacional em alguns países mostram que o renascimento da indústria nucleoelétrica não é apenas *wishful thinking* ou *lobbying* do setor. As tecnologias de geração de energia elétrica devem ser analisadas conforme seu potencial de contribuição para os objetivos ligados à sustentabilidade, incluindo a prevenção de mudanças climáticas e a expansão e segurança de fornecimento. Isso requer uma avaliação equilibrada dos seus riscos ambientais, econômicos e sociais.

A geração elétrica nuclear tem sido até agora, em grande medida, evitada, basicamente por causa do fato de muitos cientistas e políticos excluírem essa opção *a priori*, por considerarem a questão nuclear fora de seu domínio de competência ou por se submeterem à influência da opinião pública.

O presente trabalho pretende contribuir para o preenchimento desse hiato, reestruturando a questão da sustentabilidade da energia nuclear de forma dinâmica. A energia nuclear possui, é claro, características de risco que são muito distintas das características dos combustíveis fósseis e muito maior potencial de sensibilização da opinião pública no que se refere à maioria das energias renováveis. Deve-se entretanto lembrar que uma das razões para essa última constatação decorre do fato de as energias renováveis ainda não terem sido aplicadas em grande escala global.

Ainda que a geração elétrica nuclear *per se* possa ser avaliada como um meio que não atende a alguns requisitos essenciais para estabelecer os caminhos da energia sustentável numa perspectiva multimilenar (fato que também pode ocorrer numa avaliação das energias renováveis nessa mesma perspectiva, em especial quando se consideram as incertezas quanto aos reais efeitos em longo prazo das mudanças climáticas), ela pode desempenhar um papel transitório no sentido de estabelecer sistemas energéticos sustentáveis de forma perene. Durante essa fase transitória, alguns de seus aspectos mais problemáticos podem ser aprimorados significativamente no sentido de uma maior sustentabilidade, conferindo-lhe, então, um papel potencial para além desse período de transição.

Esse potencial de contribuição significativa para o desenvolvimento sustentável da humanidade se prende, objetivamente, a fatos concretos e verificáveis: seu combustível estará disponível por muitos séculos, seus resultados em termos de desempenho e segurança operacional são excelentes e com tendências a melhoria contínua, seu impacto ambiental é muito limitado, seu uso preserva os recursos fósseis de grande valor para as gerações futuras, seus custos são competitivos e declinantes com o avanço tecnológico e seus rejeitos são gerados em volume muito pequeno, permitindo um gerenciamento seguro, isto é, podem ser isolados do público e do ambiente a longo termo.

1 A contribuição da opção nuclear numa economia menos dependente do carbono

1.1 O desenvolvimento econômico e a demanda mundial por energia elétrica

A energia elétrica é um insumo fundamental para o desenvolvimento econômico e para a melhoria da qualidade de vida das populações. Os serviços de eletricidade habilitam o atendimento das necessidades humanas básicas, como alimentação e abrigo, e contribuem para o desenvolvimento social, melhorando a educação, a saúde e a segurança pública. O acesso à eletricidade e o consumo por habitante são fatores essenciais para o desenvolvimento humano.

Estimativas do ano de 2002[1] indicavam que 1,6 bilhão de pessoas nos países em desenvolvimento não tinham acesso à eletricidade em suas casas, representando um pouco mais de um quarto da população do mundo. A maioria das populações privadas de acesso à eletricidade encontra-se no sul da Ásia e na África subsaariana.

---

[1] Agência Internacional de Energia (AIE). *World Energy Outlook 2004*. Paris. capítulo 10. pp. 329-355. Disponível em: <http://lysander.sourceoecd.org/vl=4592997/cl=37/nw=1/rpsv/cgi-bin/fulltextew.pl?prpsv=/ij/oecdthemes/99980053/v2004n22/s1/p11.idx> Acesso em: 10 set. 2009.

As projeções atuais para o ano de 2030[2] indicam um aumento na utilização da eletricidade em todas as regiões do mundo. Os países do Oriente Médio e da América Latina atingirão o mesmo estágio de desenvolvimento em energia que os países da Organização para Cooperação e Desenvolvimento Econômico (OCDE)[3] tinham no início deste século XXI. A maior parte da África subsaariana e do sul da Ásia continuará, entretanto, muito atrasada. No cenário de referência do World Nuclear Energy 2009 (*WEO2009*), o número de pessoas sem eletricidade em 2030 deverá reduzir-se em 400 milhões em relação ao ano de 2002[4], conforme mostrado na Figura 1.1.

Estudos realizados pela Agência Internacional de Energia (AIE) procuraram explicitar a participação da variável energia na produção, de modo a estimar sua contribuição para o crescimento do Produto Interno Bruto (PIB) em vários países que tiveram um rápido crescimento, entre os anos 1980 e 1990[5]. Os Estados Unidos da América (EUA) foram incluídos na amostra para efeito de comparação. Os resultados estão resumidos na Tabela 1.1. Em todos os países estudados, exceto na China, a combinação de capital, trabalho e energia teve uma contribuição maior para o crescimento econômico do que o aumento da produtividade[6]. Esse estudo mostra que a energia contribuiu significativamente para o crescimento da economia em todos os países e foi o principal motor para o crescimento no Brasil,

---

[2] Agência Internacional de Energia (AIE). *International Energy Outlook 2009*. Paris, 2009. 274p. Disponível em: <http://www.eia.doe.gov/oiaf/ieo/pdf/0484(2009).pdf>. Acesso em: 05 jun. 2009.

[3] A OCDE é uma organização internacional de países comprometidos com os princípios da democracia representativa e a economia de livre mercado. Compõe-se de 30 membros: Alemanha, Austrália, Áustria, Bélgica, Canadá, Coreia do Sul, Dinamarca, Eslováquia, Espanha, Estados Unidos, Finlândia, França, Grécia, Hungria, Irlanda, Islândia, Itália, Japão, Luxemburgo, México, Noruega, Nova Zelândia, Países Baixos, Polônia, Portugal, Reino Unido, República Checa, Suécia, Suíça e Turquia.

[4] Agência Internacional de Energia (AIE). *World Energy Outlook 2004*, Paris, capítulo 10, p. 329-355. Disponível em: <http://lysander.sourceoecd.org/vl=4592997/cl=37/nw=1/rpsv/cgi-bin/fulltextew.pl?prpsv=/ij/oecdthemes/99980053/v2004n22/s1/p1l.idx>. Acesso em: 10 set. 2009.

[5] Agência Internacional de Energia (AIE). *World Energy Outlook 2004*. Paris, capítulo 10, p. 329-355. Disponível em: <http://lysander.sourceoecd.org/vl=4592997/cl=37/nw=1/rpsv/cgi-bin/fulltextew.pl?prpsv=/ij/oecdthemes/99980053/v2004n22/s1/p1l.idx>. Acesso em: 10 set. 2009.

[6] Há dúvidas sobre a exatidão dos dados oficiais do PIB da China. Muitos estudos têm concluído que as estatísticas oficiais exageram as taxas de crescimento de produtividade e subestimam o PIB. Isso poderia explicar por que o crescimento da produtividade da China é muito elevado em relação a outros países. (Fonte: *WEO2004*.)

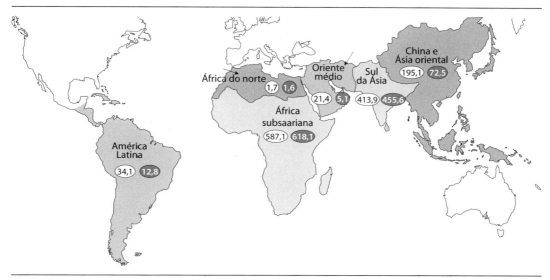

FIGURA 1.1 – Privação de eletricidade (milhões de pessoas).
Fonte: Adaptado de *World Energy Outlook* 2009[7].

na Turquia e na Coreia. Sua contribuição foi menor na Índia, na China e nos Estados Unidos. Os resultados sugerem que a energia desempenha um papel maior nos países em estágio intermediário de desenvolvimento econômico, pelo fato de a produção industrial ter, em geral, uma grande contribuição para o crescimento da economia nessa fase.

Para entender melhor a relação entre o uso de energia e o desenvolvimento humano, a AIE identificou três indicadores principais da utilização da energia no desenvolvimento dos países: o consumo *per capita*, a proporção dos serviços modernos de energia no consumo total de energia e a proporção da população com acesso à eletricidade nas suas casas[8].

---

[7] Agência Internacional de Energia (AIE). *World Energy Outlook 2009 – Key Graphs*. Disponível em: <http://www.iea.org/country/graphs/weo_2009/fig2-10.jpg>. Acesso em: 10 nov. 2009.

[8] Agência Internacional de Energia (AIE). *World Energy Outlook 2004*. Paris, capítulo 10, p. 329-355. Disponível em: <http://lysander.sourceoecd.org/vl=4592997/cl=37/nw=1/rpsv/cgi-bin/fulltextew.pl?prpsv=/ij/oecdthemes/99980053/v2004n22/s1/p11.idx>. Acesso em: 10 set. 2009.

TABELA 1.1 – Contribuição de fatores de produção e produtividade para o crescimento do PIB					
País	Média anual do crescimento do PIB (%)	(% do crescimento do PIB)			
		Energia	Trabalho	Capital	Fator total de produtividade
Brasil	2,4	77	20	11	−8
China	9,6	13	7	26	54
Índia	5,6	15	22	19	43
Indonésia	5,1	19	34	12	35
Coreia	7,2	50	11	16	23
México	2,2	30	60	6	4
Turquia	3,7	71	17	15	−3
EUA	3,2	11	24	18	47

Fonte: Análise da AIE baseada em bancos de dados do Banco Mundial (2004).

1. 1.1 Consumo *per capita* de energia

A quantidade absoluta de energia utilizada, em média, para cada indivíduo tem sido historicamente um fator-chave no desenvolvimento humano durante os primeiros estágios desse processo. Há uma ligação muito forte entre o consumo *per capita* de energia (comercial e não comercial) e o Índice de Desenvolvimento Humano das Nações Unidas (IDH) de todos os países (Figura 1.2). A ligação é particularmente forte entre os países não pertencentes à OCDE com IDH inferior a 0,8. Poucos países com uso *per capita* de energia de menos de 2 toneladas equivalentes de petróleo têm um IDH maior que 0,7. Uma vez que um país tenha atingido um nível razoavelmente alto de IDH, variações no seu uso *per capita* de energia devem-se, em grande parte, a fatores estruturais, geográficos e climáticos. Para os países em desenvolvimento mais pobres, no entanto, a situação é clara: IDHs maiores seguem juntos com o aumento do uso *per capita* de energia.

1.1.2 Transição para os serviços modernos de energia

Acesso aos serviços modernos de energia é um elemento indispensável do desenvolvimento humano sustentável. O acesso contribui para o crescimento econômico e a renda familiar e, também, para a melhoria

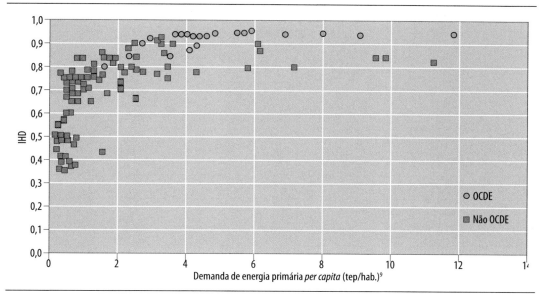

FIGURA 1.2 – IDH e demanda de energia *per capita*, 2002.
Fonte: Adaptado de análise da AIE relativa ao PNUD (2004)[10].

da qualidade de vida, que vem com uma melhor educação e melhores serviços de saúde e segurança pública. Sem acesso adequado à moderna energia comercial, os países pobres podem ficar presos em um círculo vicioso de pobreza, de instabilidade social e de subdesenvolvimento. O aumento da utilização dos serviços modernos de energia pelas famílias é um elemento-chave no processo mais amplo do desenvolvimento humano, em geral envolvendo a industrialização, a urbanização e o aumento da mobilidade social. Os fatos confirmam esta afirmação: a participação de serviços modernos na utilização global de energia está fortemente correlacionada com indicadores de desenvolvimento humano (Tabela 1.2)[11].

O *World Energy Outlook 2002* enfatiza que o uso intensivo e ineficiente da biomassa tradicional e dos resíduos para fins energéticos é uma característica da pobreza e uma das causas da sua persistência. Combustíveis tradicionais incluem carvão, madeira, palha, resíduos

---

[9] 1 tep é igual a 41,868 gigajoules (GJ) ou 11,630 MWh. Fonte: AIE.

[10] Programa das Nações Unidas para o Desenvolvimento (PNUD) (2004), *Relatório do Desenvolvimento Humano 2004*. PNUD, Lisboa. Disponível em: <HTTP://www.pnud.org.br/rdh/>. Acesso em: 28 out. 2009.

[11] *WEO2004*.

TABELA 1.2 – Utilização de energia comercial e os indicadores de desenvolvimento humano, 2002			
	Participação da energia comercial no total do consumo de energia		
Condições	Indicadores		
	0 – 20%	21 – 40%	41 – 100%
Esperança média de vida ao nascer (anos)	59,8	69	69,5
Probabilidade de 40 (%) de não sobreviver ao nascer	21,7	9,4	9,1
Taxa bruta de matrícula escolar	52,4	65,4	76,9
Crianças com baixo peso (% da população)	40,9	15,1	11,9
População sem acesso a água tratada (%)	20,9	22,9	
Número de países na amostra	30	7	27
Porcentagem da população total da amostra	42%	39%	17%

Nota: Os indicadores são médias ponderadas da população com base nos 64 países em desenvolvimento para os quais existem dados disponíveis.
Fonte: Adaptado da análise da AIE relativa ao PNUD (2004).

agrícolas e esterco. A maioria desses combustíveis não é comercializada. As pessoas pobres nas zonas rurais, sobretudo mulheres e crianças, empregam muito do seu tempo na tarefa de recolher lenha. Essa prática conduz em geral à escassez e a danos ecológicos em áreas de alta densidade populacional. O uso de energia da biomassa pode reduzir a produtividade agrícola, uma vez que os resíduos agrícolas e o esterco que são queimados em fornos poderiam ser utilizados como fertilizantes. A biomassa, quando queimada de forma ineficiente, pode ser uma das principais causas da poluição por fumaça nos ambientes domésticos. A Organização Mundial de Saúde estima que nos países em desenvolvimento morrem, a cada ano, 2,5 milhões de mulheres e crianças pela fumaça de fogões que utilizam a biomassa tradicional como combustível. Mais da metade está na China e na Índia[12].

Conforme aumenta a renda, as famílias nos países em desenvolvimento mudam para os serviços modernos de energia aplicados à cocção de alimentos, ao aquecimento, à iluminação e para utilização de

---

[12] Agência Internacional de Energia (AIE). *World Energy Outlook 2002*. Paris, capítulo 13, p. 368. Disponível em: <http://titania.sourceoecd.org/vl=2224027/cl=66/nw=1/rpsv/cgi-bin/fulltextew.pl?prpsv=/ij/oecdthemes/99980053/v2002n16/s1/p1l.idx>. Acesso em: 20 ago. 2009.

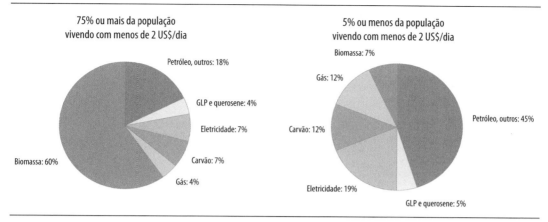

FIGURA 1.3 – Consumo final de energia *per capita* por tipo de combustível e proporção de pessoas na pobreza nos países em desenvolvimento, 2002.
Fonte: Adaptado da análise da AIE relativa ao PNUD (2004).

eletrodomésticos. A rapidez com que isso ocorre depende da modicidade do custo dos serviços modernos de energia, bem como da sua disponibilidade e das preferências culturais. Na maioria dos casos esse processo é gradual. De forma geral, as pessoas inicialmente substituem os combustíveis tradicionais por combustíveis modernos intermediários, tais como carvão e querosene e, finalmente, por combustíveis avançados, como o gás liquefeito de petróleo, o gás natural e a eletricidade (Figura 1.3).

1.1.3 Acesso à eletricidade

O acesso à eletricidade é vital para o desenvolvimento humano. Na Figura 1.4 estão mostradas as parcelas de consumo de eletricidade *per capita*, classificadas conforme o Índice de Desenvolvimento Humano (IDH) nos países da OCDE e nos países não pertencentes à OCDE. A correlação é fortemente não linear. A eletricidade é, do ponto de vista prático, indispensável para determinadas atividades, tais como iluminação, refrigeração e funcionamento de eletrodomésticos. Nesses casos, não pode ser facilmente substituída por outras formas de energia. Segundo a AIE, o IDH atinge um patamar quando o consumo *per capita* de eletricidade atinge um nível de cerca de 5.000 kWh por ano[13]. O

---

[13] *WEO2004*.

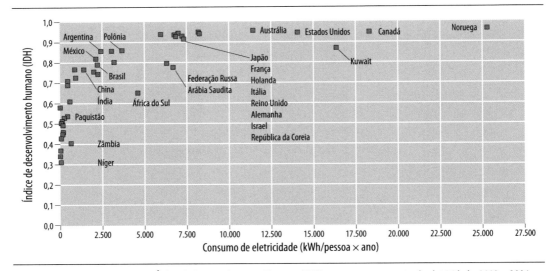

FIGURA 1.4 – Relação entre o Índice de Desenvolvimento Humano (IDH) e o consumo *per capita* de eletricidade, 2003 – 2004.
Fonte: Adaptado da análise do PNUD (2006) pelo InterAcademy Council[14].
Nota: A média mundial do IDH é igual a 0,741. O consumo médio de eletricidade no mundo é de 2.490 kWh por pessoa/ano, que se traduz em cerca de 9 gigajoules (GJ)/pessoa/ano [10.000 quilowatts (kWh) = 36 GJ].

consumo acima desse limiar não está necessariamente ligado a um IDH mais elevado. Isso fica explícito pela comparação entre o consumo de eletricidade dos cidadãos dos Estados Unidos – com uma taxa de cerca de 14.000 kWh/por pessoa/ano – e o consumo dos cidadãos europeus, que gozam de padrões de vida semelhantes e utilizam, em média, apenas 7.000 kWh/por pessoa/ ano[15/16].

1.1.4 Projeção da demanda por eletricidade em 2030

Segundo o *International Energy Outlook 2009* (*IEO2009*), a geração mundial de eletricidade terá um aumento médio anual de 2,4% ao ano entre 2006 e 2030, considerando o cenário de referência do *IEO2009*. As

---

[15] O consumo *per capita* de eletricidade em alguns países europeus, como Suécia e Noruega, é maior do que nos Estados Unidos (IAC, 2008).

[16] InterAcademy Council (IAC). *Lighting the Way Toward Sustainable Energy Future*. Amsterdã, 2008, Capítulo 1, p. 14. Disponível em: <http://www.interacademycouncil.net/Object.File/Master/12/060/1.%20The%20 Sustainable %20Energy%20 Challenge.pdf>. Acesso em: 14 set. 2009.

[14] InterAcademy Council (IAC). *Lighting the Way Toward Sustainable Energy Future*. Amsterdã, 2008, Capítulo 1, p. 14. Disponível em: <http://www.interacademycouncil.net/Object.File/Master/12/060/1.%20The%20Sustainable %20Energy%20 Challenge.pdf>. Acesso em: 14 set. 2009.

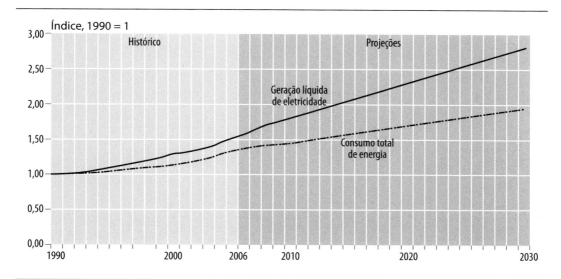

FIGURA 1.5 – Crescimento da geração de energia elétrica e do consumo total da energia mundial 1990-2030.
Fontes: IEO2009. Histórico: Energy Information Administration (EIA), *International Energy Annual 2006* (jun.-dez. 2008). Disponível em: <www.eia.doe.gov/iea>.Acesso em: 6 out. 2009. Projeções: EIA, World Energy Projections Plus (2009).

projeções indicam que a eletricidade deverá aumentar sua participação no fornecimento da demanda total de energia no mundo e é a forma de uso final de energia com mais rápido crescimento em todo o mundo no médio prazo. Desde 1990 o crescimento da produção líquida da geração de eletricidade foi superior ao crescimento do consumo total de energia (2,9% ao ano e 1,9% ao ano, respectivamente), e o crescimento da demanda por eletricidade continua a superar o crescimento do consumo total de energia no período projetado (Figura 1.5).

A geração de eletricidade no mundo aumenta em 77% no caso de referência, evoluindo de 18 trilhões de kWh em 2006 para 23,2 trilhões de kWh em 2015 e 31,8 trilhões de kWh em 2030 (Tabela 1.3). Embora seja esperado que a recessão mundial iniciada em 2008 amorteça a demanda por eletricidade no curto prazo, a projeção do caso referência do *IEO2009* antecipa que a recessão não será prolongada e espera uma tendência de retorno do crescimento na demanda por eletricidade após 2010. O impacto da recessão no consumo de eletricidade é susceptível de ser sentido mais fortemente no setor industrial como resultado da menor demanda por produtos manufaturados. A procura no setor de construção é menos sensível à evolução das condições econômicas do que no setor industrial porque as pessoas, em geral, continuam a consumir ele-

TABELA 1.3 – Geração líquida de energia elétrica por fonte na OCDE e fora da OCDE, 2006-2030 (Trilhões de kWh)							
Região	2006	2010	2015	2020	2025	2030	Mudança percentual média 2006-2030
OCDE Líquidos	0,3	0,3	0,3	0,3	0,3	0,3	−0,4
Gás natural	2,0	2,2	2,4	2,7	3,0	3,1	1,8
Carvão	3,9	3,9	4,0	4,0	4,0	4,3	0,6
Nuclear	2,2	2,3	2,4	2,4	2,5	2,6	0,6
Renováveis	1,6	1,9	2,2	2,5	2,8	2,9	2,5
Total OCDE	**9,9**	**10,6**	**11,3**	**11,9**	**12,6**	**13,2**	**1,2**
Não OCDE Líquidos	0,6	0,6	0,6	0,6	0,6	0,6	0,1
Gás natural	1,6	2,0	2,5	3,0	3,4	3,7	3,6
Carvão	3,7	4,8	5,5	6,4	7,8	9,2	3,9
Nuclear	0,4	0,5	0,7	0,9	1,2	1,3	4,8
Renováveis	1,8	2,2	2,7	3,2	3,4	3,8	3,2
Total Não OCDE	**8,0**	**10,0**	**12,0**	**14,1**	**16,3**	**18,6**	**3,5**
Mundo Líquidos	0,9	0,9	0,9	0,9	0,9	0,9	−0,1
Gás natural	3,6	4,2	4,9	5,7	6,4	6,8	2,7
Carvão	7,4	8,7	9,5	10,4	11,8	13,6	2,5
Nuclear	2,7	2,8	3,0	3,4	3,6	3,8	1,5
Renováveis	3,4	4,1	4,9	5,7	6,1	6,7	2,9
Total Mundo	**18,0**	**20,6**	**23,2**	**26,0**	**28,9**	**31,8**	**2,4**

Nota: Os totais podem não ser iguais à soma em virtude do arredondamento independente.
Fontes: 2006: Derivado do Energy Information Administration (EIA), *International Energy Annual 2006* (Jun.-dez. 2008). Disponível em: <www.eia.doe.gov/iea>. Acesso em: 6 out. 2009. Projeções: EIA, World Energy Projections Plus (2009).

tricidade para aquecimento e resfriamento de ambientes, para cozinhar, na refrigeração e no aquecimento de água, mesmo em uma recessão.

Em geral, o crescimento da eletricidade nos países da OCDE – onde os mercados estão bem estabelecidos e os padrões de consumo estão maduros – é mais lento do que nos países fora da OCDE, onde ainda existe uma grande demanda reprimida. As altas taxas de crescimento econômico projetadas para os países em desenvolvimento apoiam um forte crescimento no aumento da demanda por eletricidade nessas regiões do mundo até o final do período de projeção.

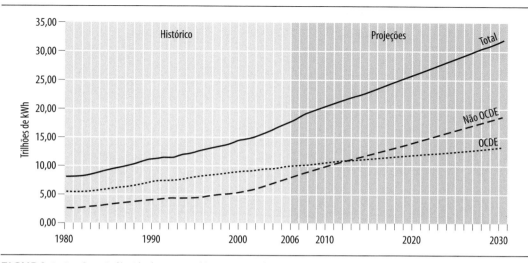

FIGURA 1.6 – Geração líquida de energia elétrica no mundo 1980-2030.
Fontes: Histórico: Energy Information Administration (EIA), *International Energy Annual 2006* (jun.-dez. 2008). Disponível em: <www.eia.doe.gov/iea>. Projeções: EIA, World Energy Projections Plus (2009).

Os países não pertencentes à OCDE consumiram 45% do fornecimento total de eletricidade do mundo em 2006, e as suas participações no consumo mundial devem aumentar ao longo do período de projeção. Em 2030, os países não membros da OCDE serão responsáveis por 58% do consumo mundial de eletricidade, e as participações dos países da OCDE declinarão para 42% (Figura 1.6). Nos países em desenvolvimento, um forte crescimento econômico traduz-se em uma crescente procura por eletricidade. Aumentos na renda *per capita* levam a melhores padrões de vida e a um aumento na demanda por consumo para iluminação, equipamentos eletrodomésticos e crescentes requisitos de energia elétrica no setor industrial. Como resultado, a produção total de eletricidade nos países não membros da OCDE aumenta a uma média de 3,5% por ano no caso de referência, liderada por países da Ásia (incluindo China e Índia), com um aumento anual médio de 4,4% de 2006 a 2030 (Figura 1.7). Em contraste, a geração líquida[17] entre as nações da OCDE cresce a uma média de 1,2% ao ano 2006-2030.

---

[17] Geração líquida: O valor da produção bruta menos a energia elétrica consumida na estação geradora (s) na estação de serviço ou auxiliares. Obs.: A eletricidade necessária para o bombeamento nas plantas é considerada como a eletricidade para a estação de serviço e é deduzida da geração bruta.

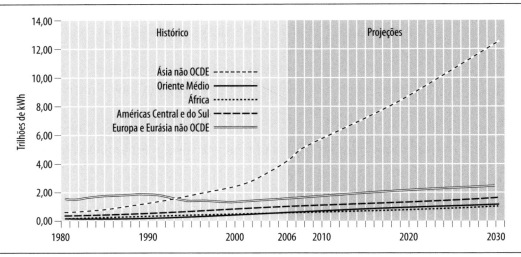

FIGURA 1.7 – Geração líquida de energia elétrica, por região, países não membros da OCDE 1980-2030.
Fontes: Histórico: Energy Information Administration (EIA), International Energy Annual 2006 (jun.-dez. 2008). Disponível em: <www.eia.doe.gov/iea>. Acesso em: 6 out. 2009. Projeções: EIA, World Energy Projections Plus (2009).

1.2 A matriz elétrica mundial e o seu impacto ambiental

1.2.1 A matriz elétrica mundial

A combinação de combustíveis primários utilizados para gerar eletricidade tem mudado muito ao longo das últimas quatro décadas. O carvão continua a ser o combustível mais utilizado para a geração de eletricidade, apesar de a geração nucleoelétrica ter aumentado rapidamente a partir da década de 1970 e ao longo da década de 1980, além de a geração de eletricidade com gás natural ter crescido também rapidamente nos anos 1980 e 1990. O uso do petróleo para a geração de eletricidade tem diminuído desde meados dos anos 1970, em virtude do embargo do fornecimento de petróleo por parte dos produtores árabes em 1973-1974 e pela Revolução Iraniana de 1979, que acarretaram um aumento nos preços do produto para níveis muito superiores aos dos outros combustíveis.

Embora os preços do petróleo no mundo tenham se contraído de modo bastante significativo no final de 2008 e em 2009, a alta dos preços verificada entre 2003 e 2008, combinada com as preocupações sobre as consequências das emissões de gases de efeito estufa no ambiente, renovaram o interesse no desenvolvimento de alternativas para combustíveis fósseis, especificamente a energia nuclear e as fontes de energia renováveis. Segundo a avaliação da AIE para o caso de referência *IEO2009*, não é esperado que os preços do petróleo permaneçam nos níveis atuais. As economias começam a se recuperar da recessão global, bem como a demanda para produtos líquidos e outras tipos de energia. Como consequência, as perspectivas de longo prazo continuam a melhorar para a geração de eletricidade por energia nuclear e de fontes renováveis, apoiadas por incentivos governamentais e pela alta dos preços dos combustíveis fósseis. Na projeção da AIE, o gás natural e o carvão apresentam o segundo e o terceiro crescimento mais rápido entre as fontes de energia utilizadas para geração de eletricidade, embora as perspectivas para o carvão, em particular, possam ser alteradas substancialmente por qualquer legislação futura que vise reduzir ou limitar o crescimento das emissões de gases com efeito estufa.

Carvão

No caso de referência do *IEO2009*, o carvão continua a responder pela maior participação na produção mundial de energia elétrica, por uma larga margem (Figura 1.8). Em 2006, a produção de carvão foi responsável por 41% do fornecimento de eletricidade no mundo; em 2030, sua participação está projetada para ser de 43%. Sustentada pelos preços elevados do petróleo e do gás natural, a geração por carvão torna-se economicamente cada vez mais interessante, em especial em nações que possuem grandes reservas desse mineral, tais como a China, a Índia e os Estados Unidos. A geração mundial líquida de eletricidade a partir do carvão quase duplica ao longo do período de projeção, passando de 7,4 trilhões de kWh em 2006 para 9,5 trilhões de kWh em 2015 e 13,6 trilhões de kWh em 2030.

As perspectivas para a geração a partir do carvão podem ser alteradas substancialmente por acordos internacionais para a redução de emissões de gases de efeito estufa. O carvão é a fonte de energia mais utilizada no mundo para geração de energia e também a fonte de energia mais intensiva na emissão de carbono. Caso os custos, implícitos ou explícitos, sejam aplicados às emissões de dióxido de carbono, existem várias alternativas tecnológicas não emissoras ou com baixas emissões que são hoje comercialmente comprovadas, ou que estão em desenvolvimento e que poderiam ser usadas para substituir usinas de geração

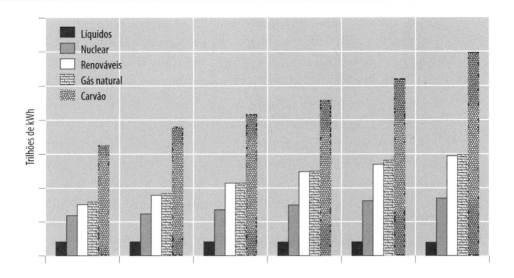

FIGURA 1.8 – Geração de eletricidade por combustível.
Fontes: Histórico: Energy Information Administration (EIA), *International Energy Annual 2006* (jun.-dez. 2008). Disponível em: <www.eia.doe.gov/iea>. Projeções: EIA, World Energy Projections Plus (2009).

a carvão. Aplicar essas tecnologias não exigiria mudanças caras e de grande escala na infraestrutura de distribuição de energia e nos equipamentos que utilizam a energia elétrica.

Entretanto, para outros setores pode ser difícil atingir resultados semelhantes. No setor de transportes, por exemplo, é provável que a redução em larga escala das emissões de dióxido de carbono exigisse profundas alterações na frota de veículos automotores, nos postos de abastecimento e nos sistemas de distribuição de combustível, o que demandaria custos muito elevados. No setor de energia elétrica, diferentemente, substituir os combustíveis fósseis pela energia nuclear e pelas energias renováveis e melhorar a eficiência dos aparelhos elétricos seria uma maneira comparativamente barata de reduzir as emissões.

Gás natural

Durante o período de projeção do *IEO2009* – 2006 a 2030 –, a geração de energia elétrica por usinas que utilizam o gás natural aumenta em 2,7% ao ano, tornando-a a fonte de mais rápido crescimento, depois das energias renováveis. A geração mundial de energia elétrica por gás natural aumenta de 3,6 trilhões de kWh em 2006 para 6,8 trilhões de kWh em 2030, mas a quantidade total de eletricidade gerada a partir de gás natural continua a ser cerca da metade da energia elétrica total gerada pelo carvão em 2030. O ciclo combinado de gás natural é uma opção atraente para novas usinas em virtude de sua eficiência como combustível, da flexibilidade operacional (podendo ser colocado online em minutos em vez de horas, tal como acontece com as instalações de carvão e algumas outras fontes), dos prazos relativamente curtos para o planejamento e a construção (meses em vez de anos, como nas usinas nucleares) e dos custos de capital, que são inferiores aos de outras tecnologias.

Combustíveis líquidos e outros derivados de petróleo

Com os preços mundiais do petróleo projetados para retornar a níveis mais ou menos elevados, chegando a 130 dólares por barril (em dólares de 2007) em 2030, os combustíveis líquidos são a única fonte para a geração de energia elétrica que não cresce em escala mundial. Na maioria das nações, é esperada uma resposta aos altos preços do petróleo pela redução ou eliminação do uso de petróleo para geração de eletricidade, optando-se por fontes mais econômicas de geração, incluindo o carvão[18].

Energia nuclear

Para o caso de referência do *IEO2009*, a produção de eletricidade a partir de energia nuclear está projetada para um aumento de cerca de 2,7 trilhões de kWh, em 2006, para 3,8 trilhões de kWh em 2030, tendo em vista a preocupação com os preços crescentes dos combustíveis fósseis, a segurança energética e as emissões de gases de efeito estufa. Os preços elevados dos combustíveis fósseis permitem que a energia nuclear se torne economicamente competitiva com a geração a partir do carvão, do gás natural e dos combustíveis líquidos, apesar dos custos relativamente elevados de capital associados às nucleoelétricas.

---

[18] Agência Internacional de Energia (AIE), *International Energy Outlook 2009*, Paris, 2009, Capítulo 5, p. 63-84. Disponível em: <http://www.eia.doe.gov/oiaf/ieo/pdf/0484(2009).pdf>. Acesso em: 5 jun. 2009.

Além disso, as taxas de utilização da capacidade instalada das nucleoelétricas existentes têm aumentado, e a AIE prevê que será concedida a prorrogação das suas vidas operacionais para a maioria das instalações nucleares mais antigas nos países da OCDE e fora da OCDE.

Em todo o mundo, a geração nuclear está atraindo novos países com interesse em aumentar a diversificação da sua matriz de geração elétrica, melhorar a segurança energética e fornecer uma alternativa de baixo carbono aos combustíveis fósseis. Ainda assim, há considerável grau de incerteza associado à energia nuclear. Problemas que poderiam retardar sua expansão no futuro incluem a segurança das instalações, o gerenciamento dos radioativos e as preocupações com o potencial de proliferação de armas nucleares, sobretudo a partir de centrífugas para enriquecer urânio e a implantação de instalações para reprocessamento de combustível usado dentro do escopo de programas nucleares civis. Essas questões continuam a levantar preocupações públicas em muitos países e podem prejudicar o desenvolvimento de novas usinas nucleares. É interessante salientar que o caso de referência do *IEO2009* incorpora as melhores perspectivas para a energia nuclear no mundo sem, no entanto, considerar possíveis acordos relativos à taxação de emissões de carbono que podem alterar esse panorama, que será discutido na Seção 1.3. Independentemente dos acordos que venham a ser assinados, o panorama da geração nucleoelétrica sofreu profunda alteração em relação ao passado, considerando-se que a projeção *IEO2009* para a geração nucleoelétrica em 2025 é 25% superior à projeção publicada há cinco anos, no *IEO2004*.

Em termos regionais, o caso de referência *IEO2009* projeta um maior crescimento na geração elétrica nuclear para os países da Ásia que não fazem parte da OCDE (Figura 1.9). A geração de energia nuclear nessa região está projetada para crescer a uma taxa média anual de 7,8% de 2006 a 2030, incluindo os aumentos previstos de 8,9% ao ano na China e 9,9% por ano na Índia. Fora da Ásia, o maior aumento da capacidade nuclear instalada nos países fora da OCDE está previsto para a Rússia, onde a geração de eletricidade por fonte nuclear aumenta a uma média de 3,5% ao ano. Em contrapartida, na Europa pertencente à OCDE, é esperado um pequeno declínio na geração de energia nuclear, considerando que alguns governos (incluindo a Alemanha e a Bélgica) ainda têm planos para encerrar completamente os seus programas nucleares.

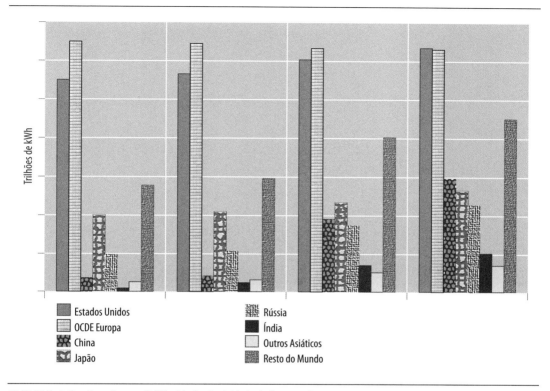

FIGURA 1.9 – Geração mundial líquida de eletricidade de fonte nuclear por região, 2006-2030.
Fontes: Histórico: Energy Information Administration (EIA), *International Energy Annual 2006* (jun.-dez. 2008). Disponível em: <www.eia.doe.gov/iea>. Acesso em: 6 out. 2009. Projeções: EIA, World Energy Projections Plus (2009).

Para enfrentar a incerteza inerente às projeções de crescimento da energia nuclear no longo prazo, a AIE utiliza uma abordagem em duas etapas, a fim de formular as perspectivas para a energia nuclear. No curto prazo (até 2015), as projeções do *IEO2009* são baseadas nas atividades atuais da indústria de geração elétrica nuclear e nos planos confirmados dos governos dos diferentes países. Em decorrência dos prazos associados ao licenciamento e à construção de usinas nucleares, há um consenso geral entre os analistas sobre quais projetos nucleares têm probabilidade de estar operacionais no médio prazo. Depois de 2015, as projeções são baseadas em uma combinação de planos regionais ou objetivos anunciados por países, levando em consideração outros pontos que são inerentes à energia nuclear, como questões geopolíticas, avanços tecnológicos e políticas ambientais. A disponibilidade de urânio também é considerada na modelagem do *IEO2009*.

Neste trabalho, a disponibilidade de urânio para fazer frente aos diferentes cenários da utilização da energia nuclear será discutida em detalhes no Capítulo 2.

Hidroeletricidade, eólica, geotérmica, e outras energias renováveis

A energia renovável é a fonte de geração de eletricidade com o mais rápido crescimento no caso de referência *IEO2009*. O total da geração de eletricidade a partir de recursos renováveis cresce 2,9% ao ano, e, em algumas partes do mundo, a geração de eletricidade por fontes renováveis aumenta sua participação de 19% em 2006 para 21% em 2030. As energias hidrelétrica e eólica serão responsáveis pela maior parte desse aumento. A geração de eletricidade por energia eólica tem crescido rápido nas últimas décadas, passando de 11 GW de capacidade instalada líquida no início de 2000 para 121 GW no final de 2008 – uma tendência que deverá continuar no futuro[19]. Dos 3,3 trilhões de novos kWh adicionados à geração elétrica por fontes renováveis, no longo prazo, 1,8 trilhão de kWh (54%) é atribuído às hidrelétricas e 1,1 trilhão de kWh (33%) à energia eólica (Tabela 1.4)[20].

Embora as fontes renováveis de energia tenham efeitos ambientais positivos e contribuam para a segurança energética, as tecnologias renováveis, exceto a da hidroeletricidade, não conseguem competir economicamente com os combustíveis fósseis durante o período de projeção, exceto em algumas regiões. A energia solar, por exemplo, é hoje um "nicho" nas fontes de energias renováveis, mas apenas pode ser econômica onde os preços da eletricidade sejam muito elevados ou onde estejam disponíveis fortes incentivos governamentais. Na verdade, as políticas ou incentivos do governo fornecem frequentemente a

---

[19] World Wind Energy Association, *World Wind Energy Report 2008* (fev. 2009), p. 4. Disponível em: <www.wwindea.org>. Acesso em: 13 out. 2009.

[20] No caso de referência atualizado do *American Energy Outook* 2009 (*AEO2009*, abr. 2009), uma expansão significativa da utilização de combustíveis renováveis para a geração de eletricidade nos Estados Unidos está projetada no curto prazo. Uma extensão de créditos tributários federais e um programa de garantia de empréstimos na legislação dos Estados Unidos pretendem estimular o aumento da geração de fontes renováveis em relação à projeção do caso referência publicado *AEO2009* (mar. 2009). Como resultado, incorporando as projeções atualizadas para o caso de referência do *AEO2009* para os Estados Unidos, há um aumento na produção mundial total de energias renováveis de 3,4 trilhões de kWh sobre a projeção do período, dos quais 1,8 trilhão de kWh (53% do aumento total) é proveniente da energia hidrelétrica e 1,2 trilhão de kWh (35%) é proveniente da energia eólica.

Tabela1.4 – Geração de eletricidade a partir de fontes renováveis na OCDE e fora da OCDE por fonte de energia , 2006-2030 (bilhões de kWh)								
	Região	2006	2010	2015	2020	2025	2030	Mudança percentual Média Anual
OCDE	Hidrelétrica	1.274	1.321	1.396	1.447	1.496	1.530	0,8
	Eólica	113	258	418	582	713	842	8,7
	Geotérmica	35	45	54	57	59	62	2,4
	Outras	212	263	354	438	487	513	3,7
	Total OCDE	**1.635**	**1.888**	**2.222**	**2.515**	**2.756**	**2.948**	**2,5**
Fora da OCDE	Hidrelétrica	1.723	2.060	2.491	2.911	3.098	3.242	2,7
	Eólica	14	53	82	115	150	372	14,6
	Geotérmica	19	29	40	42	45	47	3,8
	Outras	33	41	64	83	100	114	5,3
	Total Fora da OCDE	**1.790**	**2.184**	**2.676**	**3.151**	**3.393**	**3.776**	**3,2**
Mundo	Hidrelétrica	2.997	3.381	3.887	4.359	4.594	4.773	2,0
	Eólica	127	312	500	687	864	1.214	9,9
	Geotérmica	55	75	93	99	104	109	2,9
	Outras	246	304	418	521	587	628	4,0
	Total Mundo	**3.424**	**4.072**	**4.898**	**5.666**	**6.149**	**6.724**	**2,9**

Nota: Totais podem não ser iguais à soma em função de arredondamento independente.
Os números dos Estados Unidos nesta tabela são baseados no caso de referência da publicação *AEO2009* (Mar. 2009) e no caso de referência do *Updated AEO2009* (Abr. 2009), que incorpora as disposições da ARRA2009 que estimulam o aumento da geração renovável, uma expansão significativa no uso de combustíveis renováveis é projetada. Como resultado, nas projeções para 2030, a produção total de eletricidade hidrelétrica do mundo se eleva para de 4.771 bilhões de kWh, a geração total de energia eólica sobe para 1.291 bilhões de kWh, a geração total de energia geotérmica sobe para 111 bilhões de kWh, a geração total de outras energias renováveis sobe a 594 bilhões de kWh.
Fontes: 2006: Derivado do Energy Information Administration (EIA), *International Energy Annual 2006* (jun.-dez. 2008). Disponível em: <www.eia.doe.gov/iea>. Acesso em: 6 out. 2009. Projeções: EIA, World Energy Projections Plus (2009).

motivação primária para a construção de instalações de geração elétrica por energias renováveis.

No caso de referência *IEO2009*, estão projetadas mudanças diferentes no mix de combustíveis renováveis para a produção de eletricidade nos países da região da OCDE em relação aos países não pertencentes à OCDE. Nas nações da OCDE, a maioria dos recursos hidrelétricos economicamente exploráveis já foi aproveitada. Com exceção do Canadá e da Turquia, são poucos os projetos de grandes hidrelétricas planejadas para o futuro. Como resultado, o crescimento das energias renováveis na maioria dos países da OCDE deve vir de fontes não hidrelétricas, sobretudo a eólica e a de biomassa. Muitos países da OCDE, sobretudo os da Europa, têm políticas de governo que incluem incentivos fiscais para tarifas de aquisição[21] e de quotas de mercado que incentivem a construção de novas instalações de geração de eletricidade por energia renovável. Nos países não pertencentes à OCDE, é esperado que a energia hidrelétrica seja a fonte predominante no crescimento da energia renovável. O forte crescimento na geração hidrelétrica resultará principalmente de usinas de médio e grande porte que serão construídas na China, na Índia, no Brasil e em algumas nações do Sudeste Asiático, como o Vietnã e o Laos. Taxas elevadas de crescimento de geração elétrica por energia eólica também são esperadas nos países não pertencentes à OCDE. Os acréscimos mais importantes de fornecimento de eletricidade gerada a partir de energia eólica devem ocorrer na China.

As projeções do *IEO2009* para fontes renováveis de energia incluem apenas energias renováveis comercializadas. Biocombustíveis não comerciais, a partir de recursos vegetais e animais, são, entretanto, uma importante fonte de energia, notadamente nos países em desenvolvimento fora da OCDE. A AIE estimou que cerca de 2,5 bilhões de pessoas nos países em desenvolvimento dependem da biomassa tradicional como combustível principal para cozinhar[22]. Combustíveis e energias renováveis distribuídos e não comercializados (energia renovável consumida no local de produção, como a energia solar fora da rede, obtida com painéis fotovoltaicos) não estão incluídos nas projeções, no entanto, porque os dados globais sobre sua utilização não estão disponíveis. Além disso, o impacto total da crise econômica global atual e da crise de crédito sobre o potencial de crescimento no mercado das energias renováveis não é conhecido. O caso de referência pressupõe que esses problemas podem atrasar alguns projetos no curto prazo, mas não afetará o crescimento a longo prazo de eletricidade gerada a partir de recursos renováveis.

---

[21] O regime tarifário denominado *feed-in* é uma estrutura de incentivos para encorajar a adoção de energias renováveis por meio de legislação do governo. No âmbito dessa estrutura tarifária, empresas de serviços públicos regionais ou nacionais são obrigadas a comprar energia renovável a um ritmo superior ao crescimento do varejo, garantindo ao gerador de fonte renovável um retorno positivo de seu investimento e permitindo que as fontes renováveis de energia superem as desvantagens de preços.

[22] International Energy Agency, *World Energy Outlook 2008*, Paris, nov. 2008, p. 117.

1.2.2 Os impactos ambientais da geração de energia elétrica

Com a publicação do IV Relatório de Avaliação do Painel Intergovernamental de Mudança Climática (IPCC)[23] em 2007, há o reconhecimento generalizado de que o aquecimento global é inequívoco e que a maior parte desse aquecimento, nos últimos 50 anos, é muito provavelmente consequência do aumento da emissão de gases de efeito estufa de origem antropogênica.

As tendências apresentadas pelo cenário mundial de referência do *IEO2009* e do *WEO2008* para a utilização de energia colocam o mundo em um curso que resulta na duplicação da concentração de dióxido de carbono (CO_2) na atmosfera, evoluindo de 380 partes por milhão (ppm) em 2005 para cerca de 700 ppm no próximo século. Levando-se em conta todos os gases de efeito estufa em todos os setores, resultaria uma concentração de CO_2 equivalente (CO_2e) de cerca de 1.000 ppm, correspondendo a um aumento médio da temperatura global de até 6 °C em relação aos níveis pré-industriais.

Ainda não existe um consenso internacional com relação aos níveis de estabilização de CO_2e no longo prazo nem sobre quais deveriam ser a trajetória e as metas de emissão para a sua realização. No entanto, as discussões internacionais estão cada vez mais centradas em um nível de estabilização que varia entre 450 e 550 ppm de CO_2e. De acordo com o IV Relatório de Avaliação do IPCC, a estabilização num nível de 450 ppm de CO_2e corresponde a 50% de probabilidade de limitar o aumento da temperatura média global em cerca de 2 °C, enquanto a estabilização em 550 ppm produziria um aumento em torno de 3 °C (em comparação com 1.000 ppm e até 6 °C no cenário de referência)[24].

---

[23] IPCC (Painel Intergovernamental de Mudança Climática) (2007), *Mudança de Clima 2007: Sumário para Formuladores de Políticas, Contribuições dos Grupos de Trabalho I, II e III ao IV Relatório de Avaliação do Painel Intergovernamental sobre Mudança do Clima*, editores R. K. Pachauri, e A. Reisinger, IPCC, Genebra, tradução de Anexandra de Ávila Ribeiro. Disponível em: <http://www.mct.gov.br/index.php/content/view/50401.html>. Acesso em: 2 nov. 2009.

[24] Níveis de estabilização entre 445 e 490 ppm de CO_2e (entre 350 e 400 ppm de CO_2) correspondem a aumentos de temperatura entre 2,0 °C e 2,4 °C. A 550 ppm de CO_2e, haveria uma probabilidade de 24% de um aumento de temperatura superior a 4 °C. Essa ampla faixa reflete as incertezas associadas com os diferentes caminhos de emissão e à sensibilidade do clima às emissões (IPCC, 2007).

O IV Relatório de Avaliação do IPCC apresenta conclusões da análise do impacto no ambiente e na sociedade para diferentes níveis de estabilização do CO_2 na atmosfera e o correspondente aumento de temperatura (Figura 1.10). Os requisitos para uma meta de estabilização de CO_2e em 450 ppm seriam extremamente exigentes, demandando que as emissões de gases de efeito estufa atingissem o pico dentro de alguns anos, seguido de reduções médias anuais *per capita* de 6% ou mais[25]. As emissões de CO_2e *per capita* precisariam cair para cerca de duas toneladas em 2050, uma significativa queda em relação à média corrente de sete toneladas (IPCC, 2007).

As emissões atuais variam de 26 toneladas *per capita* nos Estados Unidos e Canadá a duas toneladas no Sul da Ásia. Uma meta de 450 ppm exigiria que as emissões de CO_2 relacionadas à energia apresentassem até 2050 uma queda entre 50% a 85% abaixo dos níveis de 2000, para ser coerente com a faixa do IPCC de 450 a 490 ppm de CO_2e. Segundo o IPCC, mesmo com a estabilização a 450 ppm de CO_2e (que é muito inferior ao implícito nas projeções do cenário de referência do *WEO2008*), a mudança no clima global resultante levaria a um significativo aumento do nível do mar, à perda de espécies e ao aumento da frequência de fenômenos meteorológicos extremos.

O setor da energia terá de estar no centro das discussões sobre o nível de concentração de CO_2e que se pretende e sobre como consegui-lo. As emissões de CO_2 relacionadas com a energia representam hoje 61% das emissões totais de gases de efeito estufa no mundo, uma participação que segundo a projeção deve aumentar para 68% em 2030 no cenário de referência. Durante vários anos, o *World Energy Outlook* forneceu análises das implicações das tendências no setor da energia e as políticas governamentais relacionadas à energia associadas às emissões de CO_2.

Em especial no setor de geração de energia elétrica, as usinas de combustíveis fósseis emitiram 11,4 Gt de CO_2 em 2006, o que corresponde a 41% do total mundial. Essa participação tem aumentado constantemente, evoluindo de 36% em 1990 para 39% em 2000, e continua a crescer nas projeções do cenário de referência do *WEO2008*, para 44% em 2020

---

[25] Alguns estudos, como Hansen et al. (2008), sugeriram que mesmo se o limite de elevação de 1 °C de temperatura fosse definido, o perigo de sua interferência no sistema climático deveria ser evitado. Isso exigiria uma estabilização do CO_2eq no nível de 400 ppm, o que seria bastante mais exigente que os cenários mais ambiciosos do IPCC Fourth Assessment Report (IPCC, 2007).

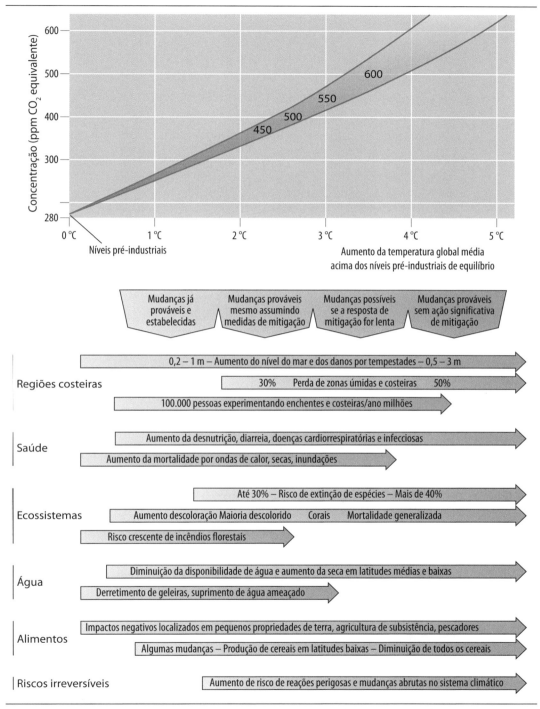

FIGURA 1.10 – Efeitos potenciais da estabilização das concentrações atmosféricas de gases de efeito estufa em diferentes níveis.
Fonte: Adaptado do *WEO2008*, p. 412, baseado no Quarto Relatório do IPCC (2007).

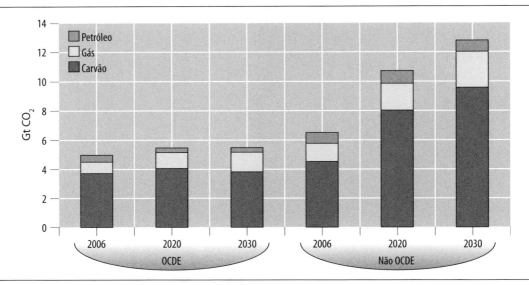

FIGURA 1.11 – Emissões de CO_2 de plantas de geração elétrica por combustível e região no cenário de referência.
Fonte: Adaptado do *WEO2008*, Capítulo 16, p. 392.

e 45% em 2030. As emissões de CO_2 do setor de geração elétrica devem chegar a 16 Gt em 2020 e a 18 Gt em 2030. Cumulativamente, considerando o cenário de referência do *WEO2008*, a geração de energia elétrica contribui com mais de metade do aumento das emissões de CO_2 relacionadas com energia até 2030. Esse crescimento é impulsionado pela ampliação relativamente rápida da demanda por eletricidade e pela utilização de combustíveis fósseis, sobretudo o carvão, na geração de energia elétrica, conforme mostrado na Figura 1.8. As emissões de gases de efeito estufa de usinas a carvão chegaram a 8,3 Gt em 2006 e devem subir para 12,1 Gt ainda em 2020 e 13,5 Gt em 2030 – quase três quartos das emissões totais do setor de geração de energia elétrica.

Quase todo o aumento de emissões de CO_2 no setor de geração de energia elétrica será originado nos países não membros da OCDE, onde o crescimento da demanda por eletricidade tem uma dependência cada vez maior do carvão (Figura 1.11). Contabilizando uma emissão de 6,5 Gt de CO_2 em 2006, as emissões do setor de geração de energia elétrica de países não pertencentes à OCDE devem dobrar até 2030, conforme projeção. Na região dos países da OCDE, as emissões de CO_2 aumentarão numa pequena porcentagem no período de projeção, pois o crescimento da demanda por eletricidade é mais contido do que nos países não membros da OCDE e porque há um aumento na participa-

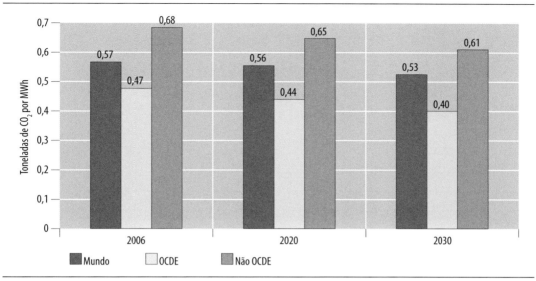

FIGURA 1.12 – Intensidade de CO_2 na geração elétrica por região no cenário de referência.
Fonte: Adaptado do *WEO2008*, Capítulo 16, p. 392.

ção do gás e das energias renováveis no mix de combustíveis para gerar eletricidade, em detrimento do petróleo e do carvão. O aumento total das emissões de CO_2 projetado para a OCDE de 0,4 Gt entre 2006 e 2030 é inferior ao aumento das emissões de instalações de geração de energia elétrica da China nos últimos dois anos.

A média de emissões de CO_2 por MWh de eletricidade produzida no mundo deve cair ligeiramente, como resultado dos ganhos contínuos na eficiência térmica das usinas de geração elétrica e de uma maior utilização de energias renováveis (Figura 1.12). No entanto, essas economias não são suficientes para compensar o aumento da demanda de eletricidade.

A meta de 550 ppm de CO_2e também exigiria ações imediatas, substancialmente maiores do que no cenário de referência, a fim de desacelerar mais rápido o crescimento das emissões anuais. Para cumprir esse objetivo, as emissões de CO_2 atingiriam o pico e o declínio durante o período de projeção do *WEO2008*. A AIE e os participantes do IPCC enfatizam que os próximos anos são, portanto, de importância crucial. Qualquer atraso ampliará o risco de um aumento ainda maior de temperatura, o que poderia dar origem a uma mudança irreversível, ou demandar reduções de emissões ainda mais caras e a taxas mais rápidas no futuro próximo.

Tabela 1.5 – Emissões de CO_2 por setor no Brasil (em milhões de toneladas de CO_2)			
	Em 2008	Tendência para 2030	Cenário de baixo carbono para 2030
Energia	232	458	297
Transporte	149	245	174
Resíduos	62	99	18
Desmatamento	536	533	196
Pecuária	237	272	249
Agricultura	72	111	89
Emissões Brutas	1.288	1.718	1.023
Emissões Totais (menos sequestro de carbono)	1.259	1.697	810

Fonte: Banco Mundial apud *Folha de São Paulo* (24 nov. 2009)[26].

As Emissões de CO_2 no Brasil

Diferente da situação da maioria dos países, o setor de energia do Brasil não é o principal emissor de CO_2, conforme dados do Banco Mundial mostrados na Tabela 1.5 e Figura 1.13. É importante observar que o consumo de eletricidade no Brasil está projetado para um crescimento 176% no período 2005-2030[27], enquanto o aumento das emissões brutas de CO_2 situa-se entre 28% a 97%, dependendo do cenário considerado, evidenciando uma matriz energética de baixo carbono,

1.3 A contribuição da opção nuclear para mitigar os efeitos ambientais

O *World Energy Outlook 2009 – Climate Change Excerpt* da AIE enfatiza a necessidade de alteração das políticas atuais de energia, sob pena de o planeta sofrer impactos severos, resultantes das alterações climáticas. A energia, que hoje responde por dois terços das emissões de gases de efeito estufa, é o cerne do problema – e assim deve formar o núcleo da solução. Na sua análise, a AIE foca no cenário denominado 450, cuja meta é a estabilização de longo prazo da concentração de gases de efeito estufa na atmosfera em 450 partes por milhão de CO_2

---

[26] *Folha de S. Paulo*, "Brasil inflou dados de CO_2 para 2020, sugere estudo", 24 nov. 2009. Disponível em: <http://www1.folha.uol.com.br/folha/ambiente/ult10007u656701.shtml>. Acesso em: 24 nov. 2009.

[27] Veja Seção 1.4.

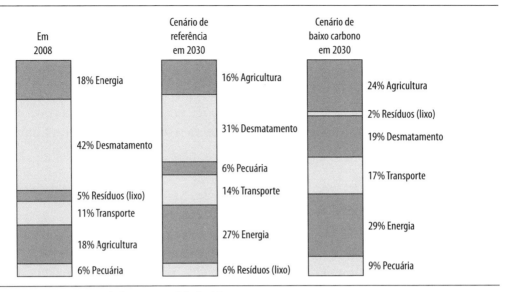

FIGURA 1.13 – Percentuais de Emissões nos Três Cenários.
Fonte: Banco Mundial apud *Folha de São Paulo* (24 nov. 2009)[28].

equivalente. Para isso, devem ser promovidas profundas alterações na forma de utilização de energia, de modo a proporcionar um futuro sustentável.

Na análise da AIE, a crise financeira e econômica que eclodiu em meados de 2008, completando 18 meses no momento em este texto está sendo escrito, teve um impacto considerável sobre o setor energético, com redução das emissões de CO_2, o que abre uma janela de oportunidade para que a Convenção Estrutural das Nações Unidas sobre Mudança Climática (UNFCCC) tenha condições de estabelecer acordos para colocação imediata de políticas adequadas para atingir a trajetória de emissões do cenário 450.

A AIE e o grupo executivo da UNFCC, que contribuiu na elaboração do *WEO2009*, reconhecem que a tarefa para atingir o cenário 450 é extremamente difícil, pois envolve forte coordenação política, além de investimentos adicionais. Entretanto, destacam que a maior parte desse esforço se baseia em medidas de eficiência energética, que

---

[28] *Folha de São Paulo*, "Brasil inflou dados de CO_2 para 2020, sugere estudo", 24 nov. 2009. Disponível em: <http://www1.folha.uol.com.br/folha/ambiente/ult10007u656701.shtml>. Acesso em: 24 nov. 2009.

oferecem substancial redução nos custos de energia, e na geração de energia elétrica de baixa emissão de carbono, que pode ter custos elevados de investimento inicial, mas que normalmente oferecem substancial redução de custo ao longo da sua operação em relação às tecnologias que demandam contínuos subsídios. Argumentam ainda que a reestruturação do sistema de energia vai gerar desenvolvimento econômico, segurança energética e benefícios à saúde humana e ao meio ambiente.

O Cenário de referência do WEO2009

Na ausência de novas iniciativas para combater as alterações climáticas globais, a crescente utilização de combustíveis fósseis nesse cenário aumenta as emissões de CO_2 relacionadas à energia de 29 Gt em 2007 para mais de 40 Gt em 2030, o que contribui para a deterioração da qualidade do ar e da saúde pública, além de acarretar graves efeitos ambientais. O aumento das emissões é devido ao aumento da utilização de combustíveis fósseis, em especial nos países em desenvolvimento, onde o consumo *per capita* de energia ainda tem muito para crescer. As emissões da OCDE são projetadas para aumentar pouco no período, em decorrência de um aumento mais lento da demanda de energia, das grandes melhorias na eficiência energética e de uma maior utilização de energia nuclear e energias renováveis. Esses efeitos são, em grande parte, decorrentes de políticas já adotadas para mitigar a mudança climática e do aumento da segurança energética. A análise da AIE indica que o cenário de referência – quando projetado para 2050 e além, e tendo em conta as emissões de gases de efeito estufa de todas as fontes – resultaria em uma concentração de gases de efeito estufa na atmosfera de cerca de 1.000 ppm, a longo prazo.

O Cenário 450

O cenário 450 analisa medidas para forçar a redução das emissões de CO_2 relacionadas com a energia para uma trajetória que, combinada com as emissões fora do setor da energia, seja coerente com uma estabilização das concentrações de gases de efeito estufa na atmosfera em 450 ppm. Nesse nível de concentração é esperado um aumento de 2 °C na temperatura global.

No longo prazo, a concentração de gases de efeito de estufa fixada em 450 ppm de CO_2e é menos da metade da concentração que ocorre no cenário de referência. Trata-se de uma trajetória de superação, ou seja, o pico de concentração de 510 ppm é atingido em 2035, permanecem constantes por cerca de 10 anos e, em seguida, declina para 450 ppm. A análise da AIE centra-se nas emissões de CO_2 relacionadas com energia para 2030, que atingem um pico pouco antes de 2020 em 30,9 Gt e entram em um declínio constante, atingindo posteriormente 26,4 Gt em 2030.

O cenário 450 também tem um olhar mais atento sobre o período até 2020, que é tão crucial para o processo de negociação do clima. Sem tentar prever um resultado ideal para as negociações, ele reflete um conjunto plausível de compromissos e políticas que possam surgir – uma combinação realista do sistema de *cap-and-trade*[29], os acordos setoriais e políticas nacionais adaptadas a cada país e circunstâncias. O objetivo da AIE nessa modelagem não é prever os compromissos que os países venham a assumir, mas ilustrar como será a evolução das emissões no âmbito de um determinado conjunto de pressupostos consistentes com a meta global de estabilização.

O quadro político no cenário 450

As reduções de emissões no cenário 450 só podem ser alcançadas tirando partido do potencial de mitigação em todas as regiões. Assim, todos os países são considerados para aplicarem medidas de mitigação, respeitando o princípio das responsabilidades comuns, mas diferenciadas. Três grupos regionais são considerados:

- "OCDE+", constituída de países da OCDE e dos países que são membros da União Europeia, mas não pertencem à OCDE.
- "Outras grandes economias" (OGE), com Brasil, China, Oriente Médio[30], Rússia e África do Sul, que são os maiores emissores

---

[29] *Cap-and-Trade* é uma abordagem para controlar as emissões de Gases de Efeito Estufa (GEE), que combina o mercado com a regulamentação. Um limite global, denominado "CAP", é definido por um período de tempo específico. Partes individuais recebem autorização para produzir uma quantidade de emissões. Aqueles com baixas emissões podem vender as licenças não utilizadas. Outros podem comprá-las para ajudar a satisfazer as suas quotas. (Fonte: Adaptado de WPP. Disponível em: <http://www.wpp.com/wpp/about/howwebehave/corporateresponsibility/tacklingclimatechange/brochure/aclimatechangeglossary.htm>. Acesso em: 20 set. 2009.)

[30] A região do Oriente Médio inclui os seguintes países: Bahrain, Irã, Iraque, Israel, Jordânia, Kuwait, Líbano, Omã, Catar, Arábia Saudita, Sírira, Emirados Árabes e Iêmen.

fora da OCDE+ (com base no seu volume total de emissões de CO_2 associadas à energia em 2007) e cujo o PIB *per capita* deverá ultrapassar US$ 13.000 em 2020.

- "Outros países" (OC), com todos os demais.

Até 2020 a AIE pressupõe que os países da OCDE+ assumam compromissos nacionais e executem várias políticas de mitigação, incluindo um sistema de *cap-and-trade* para as emissões dos setores de geração de eletricidade e da indústria. Para os outros países, presupõe-se que reduzam as suas emissões por meio de ações nacionais apropriadas de mitigação, com apoio técnico e financeiro internacional (Figura 1.14). Todas as regiões deverão participar de acordos setoriais nas áreas de cimento, ferro e aço, veículos de passageiros, aviação e navegação, para os quais sejam estabelecidas metas de intensidade de emissões. Após 2020, a AIE pressupõe que outras grandes economias façam parte do sistema da *cap-and-trade* na geração de eletricidade e na indústria.

Principais resultados do Cenário 450

Todos os países alcançam níveis significativos de redução em relação ao cenário de referência. As emissões OCDE+ declinam numa taxa constante, passando de 13,1 Gt em 2007 para 7,7 Gt em 2030. As emissões das outras grandes economias atingem o pico de 12,6 Gt em 2020 e, em seguida, declinam para 11,1 Gt em 2030, ainda 14% acima dos níveis de 2007. As emissões dos outros países aumentam de forma constante. A maior parte das reduções de emissões em relação ao cenário de referência é alcançada por meio de medidas de eficiência energética. Reduções significativas também vêm de mudanças no mix de tecnologias de geração de eletricidade.

Como mencionado aqui, presupõe-se a aplicação do sistema de *cap-and-trade* para os setores de geração de energia elétrica e para a indústria na OCDE+ a partir de 2013 e para as outras grandes economias a partir de 2021. A AIE considera que o CO_2 é comercializado, de início, em dois mercados distintos: o da OCDE+ e o das outras grandes economias. Para conter as emissões nos níveis requeridos, a AIE estima que o preço de CO_2 atingirá US$ 50 por tonelada na OCDE+ em 2020; esse valor sobe para US$ 110 na OCDE+ e para US$ 65 por tonelada em outras grandes economias em 2030. Os preços são fixados pela opção

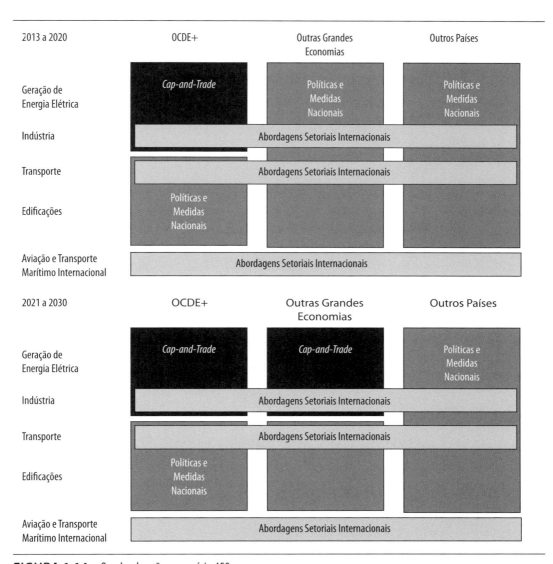

FIGURA 1.14 – Quadro de ação no cenário 450.
Fonte: Adaptado de *WEO2009*[31].

de redução mais cara (por exemplo, a captura e armazenagem de CO_2 no setor da OCDE+ em 2030).

O *WEO2009* estima que a implementação das medidas consideradas no cenário 450 vai aumentar os investimentos acumulados relacionados

---

[31] Agência Internacional de Energia (AIE), *World Energy Outlook 2009 – Climate Change Excerpt*, Paris, 2009. Disponível em: <http://www.iea.org/weo/2009_excerpt.asp>. Acesso em: 5 nov. 2009.

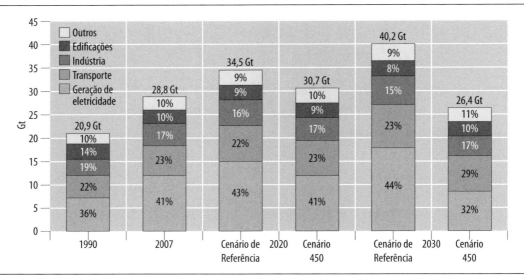

FIGURA 1.15 – Emissões de CO_2 relacionadas com a energia.
Fonte: Adaptado do *WEO2009*[32].

com energia[33] ao longo do período 2010-2030 em 10,5 trilhões de dólares. O maior aumento é no setor de transportes, em que a maior parte dos 4,7 trilhões de dólares adicionais cobre o custo maior da aquisição de veículos mais eficientes, porém mais caros. O investimento adicional em edificações, incluindo aparelhos e equipamentos, atinge o montante de 2,5 trilhões de dólares. Um investimento extra de 1,7 trilhão de dólares é necessário para o setor de geração de energia elétrica. O investimento na indústria sobe em 1,1 trilhão de dólares, sobretudo para os processos e motores elétricos mais eficientes. Instalações para a produção de biocombustíveis exigirão um investimento adicional de 0,4 trilhão de dólares. Os investimentos em eficiência energética nos setores de edificações, da indústria e dos transportes são recuperados por meio de economias nos custos de energia.

Mais de três quartos do investimento adicional (8,1 trilhões de dólares) são necessários na última década, porque a maioria das reduções de emissões de CO_2 ocorre após 2020 (emissões globais de CO_2 são

---

[32] Agência Internacional de Energia (AIE), *World Energy Outlook 2009 – Climate Change Excerpt*, Paris, 2009. Disponível em: <http://www.iea.org/weo/2009_excerpt.asp>. Acesso em: 5 nov. 2009.

[33] Todos os valores monetários estão expressos em dólares americanos de 2008.

reduzidas em 3,8 Gt em 2020 e em 13,8 Gt em 2030, em relação ao cenário de referência). Cerca de 48% do investimento adicional é necessário nos países da OCDE+. Nas outras grandes economias e nos outros países são necessários 30% e 18% do investimento adicional, respectivamente. O resto é necessário para o setor de aviação internacional.

A AIE destaca, na sua análise do cenário 450, que a distribuição geográfica e setorial das despesas de redução de emissões e investimentos não equaciona como essas ações serão financiadas. Esse é um assunto para negociação na UNFCCC, visto que membros dessa convenção concordam que os países desenvolvidos devem prestar apoio financeiro aos países em desenvolvimento, mas a determinação do nível exato não está estabelecida.

No tocante à geração elétrica, as avaliações da AIE indicam a necessidade de redução da intensidade das emissões de CO_2 em 21% em relação ao ano de 2007. A AIE e a UNFCCC recomendam acelerar a implantação de tecnologias de baixo carbono, que representam mais de 5 Gt de redução de emissões de CO_2 em relação ao cenário de referência para 2030 (Figura 1.16). Isso inclui uma implantação muito mais rápida das energias renováveis e da energia nuclear e um investimento urgente no desenvolvimento da captura e armazenamento de CO_2.

Com relação à geração de energia elétrica de fonte nuclear, existe o consenso quanto à necessidade da contribuição dessa tecnologia para fazer frente aos desafios da redução das emissões de CO_2. Entretanto, o grau de participação, e consequentemente as projeções, divergem bastante, dependendo do organismo que as elabora. A cada ano, a Agência Internacional de Energia Atômica (AIEA) atualiza as suas projeções para cenários de crescimento global baixo e alto da energia nuclear. Em 2008, tanto as projeções de alta como as de baixa foram revistas para cima. Na projeção atualizada de um cenário de baixa, a demanda mundial de energia nuclear chega a 473 GWe em 2030, em comparação com uma capacidade de 372 GWe no final de 2008. Na projeção atualizada de um cenário de demanda alta, a capacidade instalada atinge 748 GWe.

A Agência Internacional de Energia, por sua vez, também revisou sua projeção para um cenário considerado de referência para a energia nuclear em 2030, incorporando uma alta de cerca de 5%[36]. No entanto,

---

[36] OCDE International Energy Agency, *World Energy Outlook 2008*, OCDE, Paris (2008).

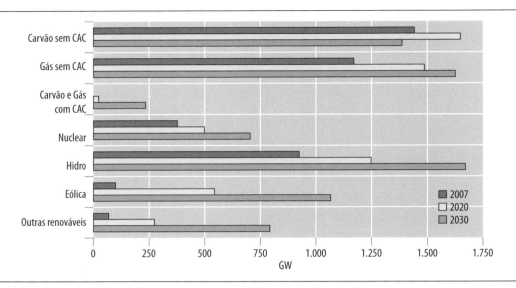

FIGURA 1.16 – A capacidade mundial de geração de energia elétrica no cenário 450.
Fonte: Adaptado do *WEO2009*[34, 35].

o cenário de referência da AIE, que considera uma capacidade nuclear instalada de 433 GWe em 2030, ainda está abaixo da projeção da AIEA para um cenário de baixo crescimento. A AIE também publicou dois cenários de política climática: o cenário de política 550, que corresponde a uma estabilização dos gases de efeito estufa na atmosfera, no longo prazo, numa concentração de 550 partes por milhão de CO_2e e a um aumento da temperatura global de cerca de 3 °C; e um outro cenário, o da política 450, que equivale a um aumento de cerca de 2 °C. Para a AIE, no cenário da política climática 550, a capacidade nuclear instalada em 2030 é de 533 GWe. No cenário da política climática 450, a capacidade nuclear instalada atinge 680 GWe.

Já a Agência de Energia Nuclear (OCDE/NEA) publicou suas projeções no Nuclear Energy Outlook de 2008, que também inclui projeções de baixa e alta para a capacidade nuclear instalada em 2050[37]. Para 2030, o intervalo projetado está entre 404 a 625 GWe, um pouco abaixo

---

[34] Agência Internacional de Energia (AIE), *World Energy Outlook 2009 – Climate Change Excerpt*, Paris, 2009. Disponível em: <http://www.iea.org/weo/2009_excerpt.asp>. Acesso em: 5 nov. 2009.

[35] CAC – Captura e Armazenamento de Carbono.

[37] OCDE International Energy Agency, *World Energy Outlook 2008*, OCDE, Paris (2008).

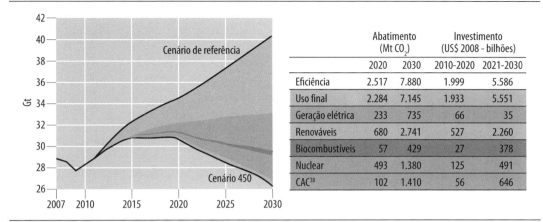

FIGURA 1.17 – Redução da emissão de CO₂ relacionadas com a energia.
Fonte: Adaptado do *WEO2009*[39].

do da AIEA. Para 2050, o intervalo projetado é de 580 a 1400 GWe. O US Energy Information Administration também reviu a sua projeção de referência para a energia nuclear em 2030 ligeiramente acima de 498 GWe[40]. É assim ligeiramente superior à projeção abaixo da AIEA.

As projeções da AIE, referentes ao cenário 450 do *WEO2009 – Climate Change Excerpt* incorporam o impacto da crise financeira. Já as projeções das outras organizações foram feitas antes da eclosão da crise financeira de 2008.

Como pode ser verificado na Figura 1.17, nesta última versão do *WEO2009*, o aumento na capacidade nuclear instalada proposta para o cenário 450 contribui com aproximadamente 7% no abatimento total das emissões de gases de efeito estufa em 2030.

---

[38] CAC – Captura e Armazenamento de Carbono.

[39] Agência Internacional de Energia (AIE), *World Energy Outlook 2009 – Climate Change Excerpt*, Paris, 2009. Disponível em: <http://www.iea.org/weo/2009_excerpt.asp>. Acesso em: 5 nov. 2009.

[40] Energy Information Administration, *International Energy Outlook 2008*. Us Department of Energy, Washington, DC (2008).

Tabela 1.6 – Capacidade elétrica instalada do sistema brasileiro		
Fonte	MWe	Part (%)
Hidrelétrica*	81.190	85,5
Gás	8.694	9,2
Nuclear	2.007	2,1
Óleo combustível	1.234	1,3
Carvão mineral	1.410	1,5
Outras	462	0,5
Potência instalada	94.996	100,0

* Incluindo a capacidade total de Itaipu.
Fonte: ONS, Operação do SIN: Dados Relevantes 2007.

1.4 O papel da geração nuclear na matriz elétrica brasileira

A capacidade instalada da matriz elétrica brasileira é composta de cerca de 85% de origem hidrelétrica e 15% de origem termelétrica (Tabela 1.6). Essa característica confere uma grande vantagem competitiva ao País, por dispor de uma das maiores reservas de energia elétrica limpa, renovável, barata e economicamente viável do mundo.

Entretanto, a falta de energia no ano de 2001 indicou claramente a vulnerabilidade do sistema elétrico brasileiro, que é baseado na energia natural afluente nos rios e na água acumulada nas barragens das usinas hidrelétricas. Essa é uma fonte de energia renovável com uma vantagem indiscutível, mas que inclui também o risco hídrico: depender, para sua renovação, dos ciclos naturais, que apresentam sucessões entre estações secas e chuvosas, com razoável variabilidade dentro de uma mesma região e entre diferentes regiões (Figura 1.18).

Conjugado ao risco hídrico, a demanda por um maior crescimento econômico renovou o interesse por projetos de geração de energia no Brasil. As opções sob consideração incluem a expansão da exploração do gás natural, da biomassa, da geração de hidreletricidade – em especial na Amazônia, onde se encontra a maior parte dos aproveitamentos disponíveis – e das usinas nucleares.

Com relação à fronteira de expansão da geração hidrelétrica, deve-se considerar que as condições topográficas da Amazônia são bastante diferentes da região Sudeste, onde estão as grandes represas para a geração hidrelétrica e onde está concentrada a capacidade principal de reserva-

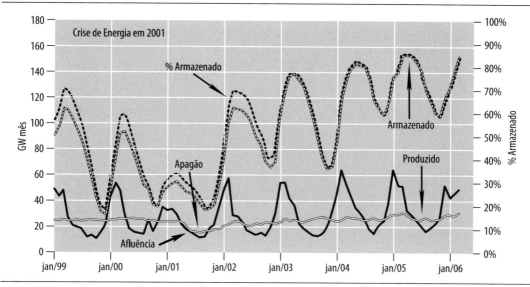

FIGURA 1.18 – Operação do sistema SE/CO - 2001 (parte hidráulica).
Fonte: ONS.

ção de água. Na região Sudeste, em especial no litoral entre Santos e Rio de Janeiro, há um desnível abrupto de 700 a 800 metros entre o mar e o planalto. Essa característica topográfica possibilitou a construção das usinas Henry Borden e Ribeirão das Lages, que deram ensejo à industrialização de São Paulo e Rio de Janeiro no início do século XX. Em 1905, Ribeirão das Lages era a maior hidrelétrica do mundo.

Os desníveis significativos entre o Planalto Central e a Planície Platina e o litoral do Nordeste permitiram também os significativos aproveitamentos da Bacia dos Rios Paraná e São Francisco. Os grandes reservatórios de água foram construídos usando esses desníveis, reduzindo o risco hídrico com a estabilização da energia natural afluente dos rios pela gestão da água neles armazenada (Figura 1.19).

O desnível topográfico entre o Planalto Central e a Planície Amazônica é, entretanto, muito menos acentuado que os anteriores. Com isso, para haver um significativo volume de água armazenado nas barragens, seria necessário alagar vastas áreas. Esse fato conjugado com os ciclos naturais (secos e chuvosos) mais severos que ocorrem na região (vide relações máximo/mínimo na energia natural afluente, mostradas na Figura 1.20) tendem a ampliar o risco hídrico associado aos aproveitamentos na região.

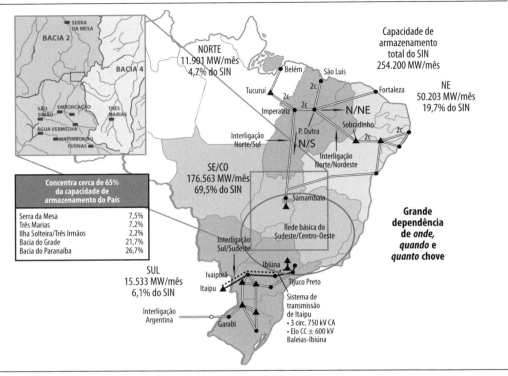

FIGURA 1.19 – Arquietura atual do Sistema Interligado Nacional (SIN).
Fonte: ONS.

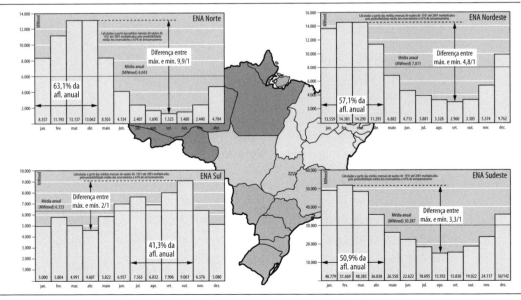

FIGURA 1.20 – Energia natural afluente nas regiões brasileiras.
Fonte: ONS.

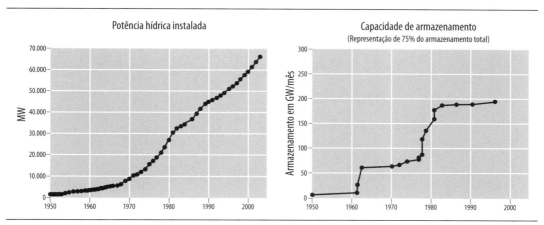

FIGURA 1.21 – Evolução da capacidade instalada e reservação.
Fonte: Lista da ONS dos principais reservatórios.

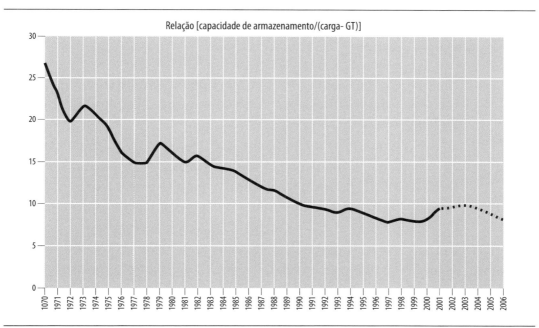

FIGURA 1.22 – Capacidade de armazenamento e carga total do sistema.
Fonte: ONS.

Uma evidência desse fato é a avaliação da evolução da capacidade hidrelétrica instalada e da capacidade de reservação de água, conforme mostrado na Figura 1.21.

O risco hídrico pode ser caracterizado pela relação entre a capacidade de armazenamento das barragens e a carga total do sistema, excluída a geração elétrica de origem térmica disponível, conforme Figura 1.22.

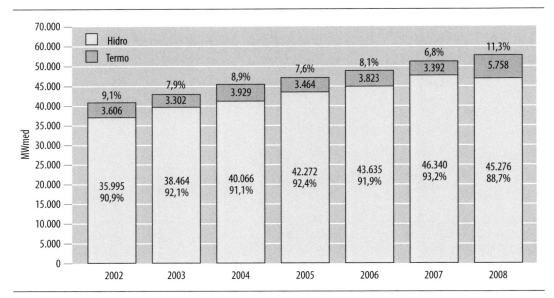

FIGURA 1.23 – Evolução da geração líquida de eletricidade.

Note-se que esse indicador tem uma nítida tendência de queda que tende a se agravar com a ampliação dos aproveitamentos hidrelétricos na Região Amazônica.

No ano de 2005, foram gerados 45.726 MWmédios (400 TWh) de energia elétrica líquida no Sistema Interligado Brasileiro e 51.034 MW médios (447 TWh) em 2008, correspondendo a uma taxa de crescimento acima de 4% ao ano no período[41], conforme Figura 1.23.

A fonte hídrica respondeu em média por 90% da geração líquida de eletricidade no período. A complementação térmica, que tem variado entre 7% e 12% da carga, é feita pelas fontes apresentadas na Figura 1.24, a seguir, com preponderância da geração nuclear e a gás natural, mas com crescente contribuição da biomassa moderna.

A constância dessa demanda por complementação térmica é demonstrada pela Figura 1.25, que detalha a geração mês a mês. Este gráfico mostra que a mínima geração térmica chegou a cerca de 2.200 MWmédios no período 2006-2008. Note-se que Angra 1 e Angra 2 têm uma potência instalada de 2.000 MW, o que corresponde a uma geração líquida de cerca de 1.500 MW médios. Com a entrada em

---

[41] Empresa de Pesquisa Energética (EPE/MME), *Balanço Energético Nacional 2009 – Ano Base 2008:* resultados preliminares. Rio de Janeiro: EPE, 2009. 48p.

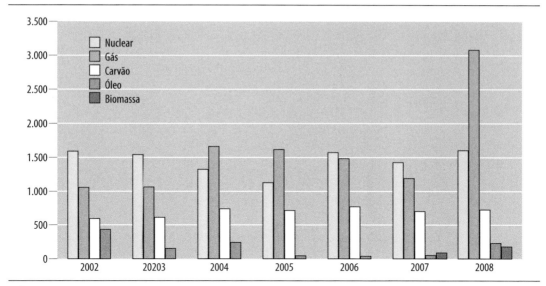

FIGURA 1.24 – Evolução da geração líquida de eletricidade por fonte.
Fonte: Dados dos Relatórios Anuais do NOS.

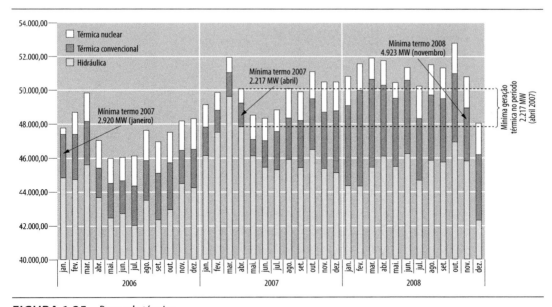

FIGURA 1.25 – Demanda térmica.
Fonte: Dados dos Relatórios Anuais do NOS.

operação de Angra 3, essa geração líquida será ampliada para mais de 2.500 MW médios. O sistema interligado nacional requer, portanto, uma base térmica complementar à hídrica. Para esse papel, a geração nuclear é inquestionavelmente a opção mais competitiva, como mostra a Figura 1.26.

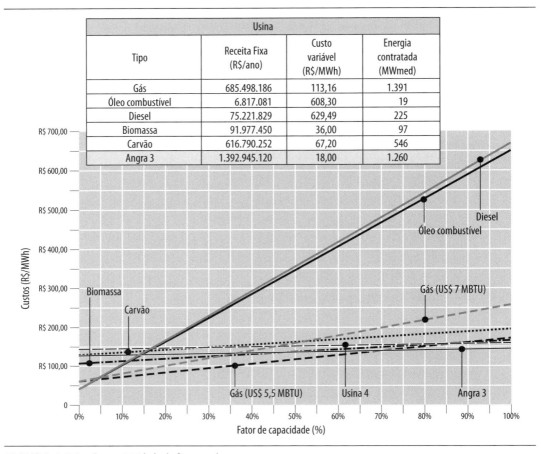

FIGURA 1.26 – Competitividade da fonte nuclear.
Fonte: Dados da EPE e ANEEL, resultado do leilão de energia nova-5 e da Eletronuclear (dados de Angra 3 e Usina 4, base 2005).

Note-se ainda que as perdas do sistema elétrico brasileiro atingiram cerca de 15% da produção bruta de eletricidade, em grande parte em decorrência da dimensão continental da rede de transmissão.

O Plano Nacional de Energia 2030 (EPE, 2008)[42], editado em 2007 pela Empresa de Pesquisa Energética, coloca a projeção de demanda em patamar ainda mais elevado. Prevê um consumo de 1.139 bilhões de kWh em 2030, ou seja, um crescimento de 176% no período 2005-2030. Essa demanda deverá ser atendida com um acréscimo de cerca de 130% na capacidade hidráulica instalada, 135% de acréscimo na

---

[42] Empresa de Pesquisa Energética (EPE/MME), *Plano Nacional de Energia 2030*, Rio de Janeiro, EPE, 2007, 408 p. Disponível em: <http://www.epe.gov.br/PNE/20080111_1.pdf>. Acesso em: 5 set. 2009.

A contribuição da opção nuclear numa economia menos dependente do carbono

Tabela 1.7 – Cenários do Plano Nacional de Energia 2030								
	Hidráulica	Gás natural	Eólica e outros	Nuclear	Biomassa e resíduos	Carvão	Petróleo	Total
SIN (jan/2006)	75,6	8,1	1,6	2,0	0,1	1,4	2,9	91,6
Cenário 1	167,8	20,6	9,1	7,3	6,5	5,9	3,3	220,5
Cenário 2	168,8	18,1	8,0	7,3	6,5	6,5	3,3	218,5
Cenário 3	168,2	24,1	9,1	9,3	6,5	6,5	3,3	227,0
Cenário 4	168,7	21,6	9,1	11,3	6,5	6,5	3,3	227,0
Cenário 5	243,3	28,1	9,1	9,3	6,5	6,5	3,3	306,1

Fonte: Plano Nacional de Energia PNE 2030.

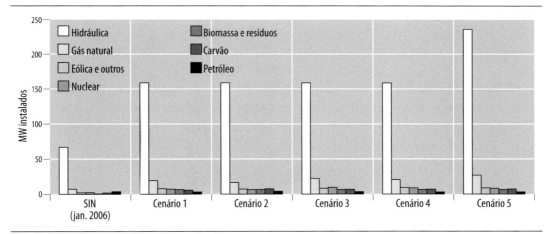

FIGURA 1.27 – Cenários do Plano Nacional de Energia 2030.
Fonte: Plano Nacional de Energia PNE 2030.

capacidade termelétrica instalada – na qual a nuclear está inserida – e cerca de 1.300% de acréscimo na capacidade instalada de fontes alternativas. Nesse cenário, para que exista uma oferta adequada de energia no País, não é possível prescindir de qualquer fonte de energia, inclusive a nuclear, cujo crescimento de capacidade instalada deverá ser de cerca de 235%, passando de 2.000 MWe em 2005 para 7.300 MWe em 2030.

A distribuição demográfica brasileira, com 80% da população vivendo em áreas urbanas, é outro fator-chave a ser contabilizado no planejamento energético. A distribuição demográfica está concentrada em uma faixa de 1.000 km ao longo da costa, e as projeções para o desenvolvimento brasileiro indicam um aumento no consumo *per capita* de eletricidade de 2.020 kWh para 4.380 kWh. Fontes distribuídas de geração elétrica, como a eólica, solar e de biomassa, não podem atender sozinhas a tal aumento de demanda de forma concentrada como ocorre nas áreas urbanas. Mesmo com o aumento extraordinário dessas fontes, tal como previsto no PNE 2030, grandes blocos de energia concentrada, como das usinas hidrelétricas e termelétricas, ainda serão necessários. Deve ser criado um mix composto de blocos de geração de eletricidade concentrados e distribuídos para responder aos grandes desafios do crescimento da procura por eletricidade. Além dos aspectos mencionados de reservação na região norte, concorre a necessidade de promoção da exploração sustentável, que inclui o respeito às áreas de preservação permanente e às reservas legais da Amazônia, que deve obrigatoriamente fazer parte da agenda de energia referente a essa região.

Portanto, para conferir confiabilidade ao sistema elétrico brasileiro, é vital contar com um portfólio diversificado de fontes de energia. A fonte nuclear é certamente uma das opções para compor esse portfólio, uma vez que as centrais de Angra 1 e 2 tiveram um papel-chave para suportar a demanda de eletricidade e para mitigar o impacto da falta da energia em 2001. Ambas as centrais operaram continuamente, a plena carga e ao longo de todo o período do chamado "apagão". A energia gerada por essas duas usinas equivale hoje a cerca da metade do consumo elétrico do estado do Rio de Janeiro. Com a entrada em operação de Angra 3, a energia dessa central nuclear passará a representar cerca de 80%.

O Brasil possui disponibilidade e tecnologia em quase todas as fontes primárias de geração de energia elétrica, além de uma matriz que apresenta reduzidos níveis de emissão de gases de efeito estufa (GEE). Considerando as preocupações atuais do cenário global de mudanças climáticas, quanto ao potencial de comercialização de créditos de carbono e quanto à segurança energética, o Brasil não tem dificuldade para estabelecer um planejamento adequado para obter um balanço ideal para uma matriz hidrotérmica. As reservas brasileiras de urânio estão discutidas no Capítulo 2.

A energia nuclear apresenta uma complementaridade estratégica em relação à geração hidrelétrica, por ser sempre despachada na base.

	2007-2015	2016-2020	2021-2025	2026-2030	2016-2030
Referência Cenário 1 Cenário 2	1.360 MW Angra 3	1.000 MW NE 1	1.000 MW NE 2	2.000 MW SE 1 + SE 2	4.000 MW
Intermediário Cenário 3 Cenário 5	1.360 MW Angra 3	1.000 MW NE 1	1.000 MW NE 1 + NE 2	2.000 MW SE 1 + SE 2 + NE 3	6.000 MW
Alto Cenário 4	1.360 MW Angra 3	2.000 MW NE 1 + NE 2	3.000 MW SE 1 + SE 2 + NE 3	3.000 MW SE 3 + SE 4 + NE 4	8.000 MW

FIGURA 1.28 – Cenários do Plano Nacional de Energia 2030 – energia nuclear.

Reforça a característica de baixa emissão de gases de efeito estufa da matriz elétrica brasileira e promove o arraste tecnológico, por meio do estímulo ao desenvolvimento industrial e tecnológico do País, fortalecendo setores especializados no fornecimento de equipamentos, combustível e instalações com alto conteúdo tecnológico.

É importante observar que a motivação brasileira para a adoção da opção nuclear é distinta da maioria dos países, que em grande parte não possuem reservas próprias de recursos energéticos e têm suas matrizes de energia elétrica centradas no carvão, no petróleo e nos seus derivados. Esses aspectos colocam tais países expostos a problemas de segurança energética, traduzidos no dispêndio de recursos para importação de combustíveis fósseis, na volatilidade do preço dessas *commodities* no mercado internacional e no risco de interrupção em caso de conflitos. Outra dificuldade está associada ao cumprimento das metas de redução de emissões ligadas a acordos internacionais, cuja tendência parece inexorável, tendo em vista as consequências das alterações climáticas previstas caso nenhuma atitude venha a ser tomada.

O planejamento oficial no Brasil[43] prevê um crescimento da geração nuclear de 4 Gwe para 8 GWe em 2030, incluindo a construção de novas centrais nucleares de 1 GWe após a conclusão da usina nuclear de Angra 3. A contribuição da geração nuclear no consumo de eletricidade deverá evoluir a partir dos atuais 2,6% para valores acima de 5% em 2030.

---

[43] Empresa de Pesquisa Energética (EPE/MME), *Plano Nacional de Energia 2030*. Rio de Janeiro: EPE, 2007, 408 p. Disponível em: <http://www.epe.gov.br/PNE/20080111_1.pdf>. Acesso em: 5 set. 2009.

2 Combustíveis nucleares e sustentabilidade

O urânio é onipresente na terra. É um metal tão comum como o estanho ou o zinco, e é um dos constituintes da maioria das rochas e até mesmo da água do mar. Algumas concentrações típicas estão mostradas na Tabela 2.1.

Tabela 2.1 – Concentrações típicas de urânio na crosta terrestre		
Depósitos com alto grau (2% U)	20.000	ppm U
Depósitos com baixo grau (0,1% U)	1.000	ppm U
Granito	4	ppm U
Rochas sedimentares	2	ppm U
Conteúdo médio na crosta terrestre	2,8	ppm U
Água do mar	0,003	ppm U

Fonte: Adaptado de World Nuclear Association[1].

---

[1] World Nuclear Association. *Uranium Supply*. WNA, set. 2009. Disponível em: <http://worldnuclear.org/info/inf75.html>. Acesso em: 10 nov. 2009.

Um depósito de urânio é, por definição, uma mineração desse metal que resulte numa operação de extração economicamente rentável. Segundo os custos de extração e os preços de mercado vigentes em cada momento, pode-se dizer que se tem um depósito de urânio ou não[2].

As reservas de urânio conhecidas na atualidade supõem uma quantidade que é economicamente recuperável e que depende da relação entre os custos de produção e os preços de venda. Também dependem, em grande medida, da intensidade do esforço de exploração prévio, que representa a indicação do urânio conhecido sem, no entanto, representar a quantidade de urânio que de fato existe na crosta terrestre. Sendo assim, mudanças na relação entre o custo de produção e os preços de venda, e possíveis esforços de exploração futuros, podem alterar substancialmente as reservas. Por exemplo, se o preço atual fosse multiplicado por cinco, a água do mar se converteria em uma fonte rentável de imensas quantidades de urânio.

O urânio como matéria-prima tem uma história curta e não tem outro uso direto que não seja o fornecimento relacionado com a recente indústria nuclear. O mercado do urânio não se diferencia de outros metais quanto ao fato de estar sujeito a ciclos de exploração, descobrimento e produção, ou seja, as empresas mineradoras só exploram se houver garantia de rentabilidade. Especialistas observam que o urânio experimentou até o momento um só ciclo, quando o valor histórico máximo de US\$ 240/kg (em dólares de 2003) foi atingido em 1979. Esse valor produziu um aumento significativo na exploração, e esse único ciclo forneceu às empresas uma garantia tal que cobriu as necessidades dos reatores durantes estes últimos 30 anos, além de legar reservas exploráveis aos preços atuais, suficientes para alimentar o parque atual de reatores nucleares por mais de 80 anos[3].

Desde o pico de preço em 1979, o mercado experimentou uma queda vertiginosa e atingiu o valor de cerca de US\$ 20/kg em 1994. Preocupações sobre a adequação do fornecimento de urânio a partir de 2000 fizeram com que o preço de mercado começasse a aumentar progressivamente, tendo atingido US\$ 220/kg no início de 2007.

---

[2] International Atomic Energy Agency, *IEA-TECDOC-1613 – Nuclear Fuel Cycle Information System*. IAEA, Viena, abr. 2009.

[3] Nuclear Energy Agency, *Forty years of uranium resources, production and demand in perspective*. NEA, Uranium Group, Paris, 2006.

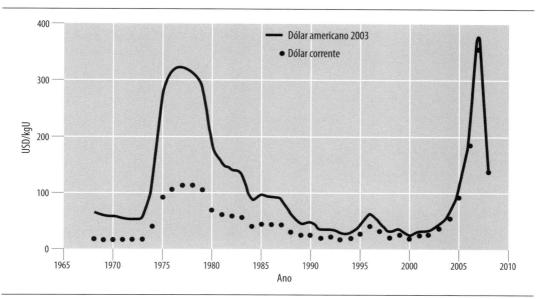

FIGURA 2.1 – Histórico de preços do mercado de urânio.
Fonte: Adaptado de Nuexco E UXC[4, 5].

É interessante observar que nos últimos cinco anos o preço do urânio foi multiplicado por seis sem afetar de forma sensível os custos da geração nucleoelétrica no mundo devido à pequena porcentagem que o custo do combustível representa em relação ao custo total de geração – menos de 15%. Menos da metade desses 15% estão associados ao custo do urânio, já que os serviços de enriquecimento e fabricação do combustível nuclear levam mais da metade do custo final. Esses serviços estão submetidos a mudanças muito menos bruscas do que as matérias-primas. Isso é o oposto do que ocorre com os custos da geração elétrica a partir de combustíveis fósseis como o carvão, o petróleo e o gás natural, cuja participação no valor da tarifa ultrapassa 60%[6].

---

[4] Nuclear Energy Agency, *Uranium 2007*: resources, production and demand. NEA, Uranium Group, Paris, 2008

[5] TradeTech Uranium. Info, Nuexco Exchange Value. Disponível em: <www.uranium.info>. Acesso em: 10 nov. 2009.

[6] The Ux Consulting Company, LLC. Disponível em: <www.uxc.com>. Acesso em: 10 nov. 2009.

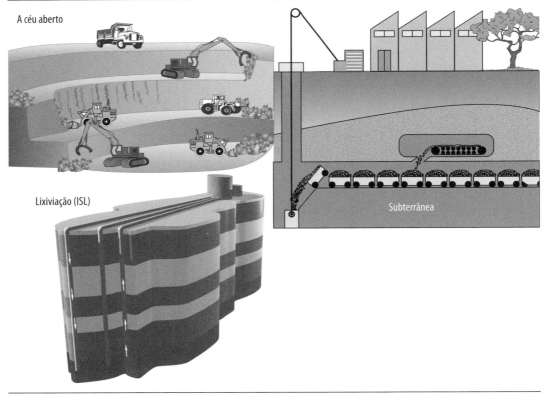

FIGURA 2.2 – Principais métodos de mineração de urânio.
Fonte: Adaptado do IAEA-Tecdoc-1613.

2.1 Exploração

A exploração é um processo de mineração que visa à extração e à industrialização do mineral para a produção de concentrado de urânio (U_3O_8). As principais formas de extração do mineral são: minas a céu aberto (37%), minas subterrâneas (26%), extração por lixiviação *in-situ leaching* ISL (28%) e como subproduto da mineração de outros metais como a bauxita, o nióbio, o tântalo, o cobre e o ouro (9%)[7] e de fosfatos (Figura 2.2).

A mineração por lixiviação (ISL) consiste em injetar líquido de lixiviação (carbonato de amônia ou ácido sulfúrico) através do orifício aberto por uma broca mediante bombeamento no sentido da perfura-

---

[7] International Atomic Energy Agency, *IEA-TECDOC-1613 – Nuclear Fuel Cycle Information System*. IAEA, Viena, abr. 2009. p. 13.

ção e, na sequência, bombear em sentido inverso, situação em que o líquido retorna em direção à superfície trazendo consigo o urânio. A importância dessa modalidade está aumentando cada vez mais, pois tem um impacto ambiental muito menor e reduz apreciavelmente o custo de extração do produto[8].

Ao longo da história foram produzidas melhoras na mineração subterrânea, podendo-se explorar na sua atualidade depósitos de 500 m de profundidade em terrenos praticamente saturados de água (mina de McArthur River, Canadá, por exemplo).

Os principais países produtores são o Canadá (23%) e a Austrália (21%). Portanto, dois dos países mais ricos, estáveis e democráticos do mundo concentram ano a ano a metade da produção mundial. Nos países da antiga União Soviética concentra-se 32% da produção mundial, em especial no Cazaquistão, na Rússia e no Uzbequistão. A África produz 16%, sobretudo na África do Sul, na Namíbia, no Níger e no Gabão.

Em torno de 44.000 tU (como U_3O_8) vêm diretamente da produção das minas (69%). O resto vem das chamadas fontes secundárias, sobretudo do acordo entre Rússia e Estados Unidos para o desmantelamento de ogivas nucleares russas (acordo HEU), que proporciona em torno de 9.000 tU ao ano (14%), chamado "Programa Megatons por Megawatts". Do reprocessamento dos combustíveis nucleares queimados, obtém-se urânio reprocessado (RepU) e plutônio, que podem compor o chamado MOX (óxido misto de urânio e plutônio), que volta a ser convertido em combustível e economiza em torno de 3.000 tU natural ao ano (5%). Outras 5.000 tU são obtidas pelo reenriquecimento de urânio empobrecido ("caudas"), subproduto do processo.

As maiores produtoras de concentrados do mundo são as empresas: Cameco (empresa canadense com minas no Canadá, Cazaquistão, Estados Unidos), Rio Tinto (com minas na Austrália e na Namíbia), o grupo francês Areva (com minas no Níger, no Canadá, no Cazaquistão e no Gabão), a BHP Billiton (com uma grande mina de cobre e urânio na Austrália), o grupo estatal russo Atomenergoprom (com minas na Rússia e nos países da antiga União soviética) e a companhia estatal do

---

[8] International Atomic Energy Agency, *IEA-TECDOC-1613 – Nuclear Fuel Cycle Information System*. IAEA, Viena, abr. 2009. p. 13.

Cazaquistão Kazatomprom, com planos muito ambiciosos de expansão de sua capacidade de produção e com projetos conjuntos com os grupos mencionados anteriormente.

Essas empresas possuem planos de expansão em seus centros produtores atuais e também de abertura de novas minas para fazer frente ao previsível aumento da demanda nos próximos anos, em decorrência do chamado renascimento nuclear que se encontra em marcha em todo o mundo, sobretudo na China, na Rússia, na Índia, no Japão, na Coreia, nos Estados Unidos, no Reino Unido, na França, na Finlândia e, em menor medida, em outros países.

2.2 Processo de conversão de U_3O_8 em UF_6

É um processo químico industrial sem grande complexidade, mas que constitui uma parte muito importante e imprescindível da cadeia de fornecimento do combustível nuclear, uma vez que o urânio na forma de UF_6 é o que melhor se presta ao transporte e ao subsequente enriquecimento. A capacidade mundial primária está indicada na Tabela 2.2.

Quanto à comercialização efetiva, há quatro empresas que fornecem mais de 99% das necessidades mundiais desse serviço: a Comurhex do grupo Areva, na França, com 12.000 tU de produção (25%); a Cameco, empresa canadense com 11.000 tU de produção no Canadá (23%) e outras 2.300 tU com um acordo de colaboração com a planta de Springfields no Reino Unido (5%); a Converdyn, nos Estados Unidos, com 12.000 tU de produção (25%) e a Tenex, na Rússia, com 10.000 tU de produção direta (21%).

Após muitos anos de estagnação, em decorrência dos baixos preços do urânio nos anos 1980 e 1990, a duplicação dos preços a partir do ano de 2003 criou uma expectativa de incremento na demanda para os próximos anos. As empresas do setor embarcaram em planos de melhorias e na ampliação das suas instalações atuais ou no lançamento de novos projetos. Todos esses planos asseguram que o previsível aumento na demanda desses serviços seja adequadamente coberto.

Tabela 2.2 – Capacidade mundial primária de conversão	
Empresa	Capacidade (toneladas de U em UF_6)
Cameco, Port Hope, Ont.	12.500
Cameco, Springfields, UK	6.000
Atomenergoprom	25.000*
Comurhex (Areva), Pierrelatte, França	14.500
Converdyn, Metropolis, EUA	15.000
CNNC, Lanzhou	3.000
Ipen, Brasil	90
Total	76.000 (nominal)

* Capacidade operacional estimada entre 12.000 e 18.000 tU/ano.
Fonte: Adaptado de WNA, *Uranium Enrichment*, out. 2009. Disponível em: <http:www.world-nuclear.org/info/inf28.html>. Acesso em: 10 nov. 2009.

2.3 Enriquecimento

O urânio que se encontra na natureza está majoritariamente na forma de isótopos de U_{235} e U_{238}. A produção de energia nos reatores nucleares procede da fissão ou quebra dos átomos de U_{235} num processo que libera energia na forma de calor.

O urânio natural contém apenas 0,7% de U_{235}, sendo que os restantes 99,3% são de U_{238}, que contribui apenas marginalmente de forma direta para o processo de fissão, apesar de contribuir de maneira indireta na formação de isótopos físseis de plutônio.

O U_{235} e o U_{238} são quimicamente idênticos, mas diferem nas suas propriedades físicas, sobretudo na sua massa atômica. Essa diferença de massa entre esses isótopos permite o "enriquecimento" da parcela natural de U_{235}, mediante um processo de alto conteúdo tecnológico.

No presente, apenas os poucos reatores a água pesada pressurizada (*pressurized heavy water reactors*), a maioria localizada no Canadá e na Índia, utilizam o urânio natural. A grande maioria dos reatores atuais, que são a água leve, utiliza urânio enriquecido, no qual a proporção de U_{235} é aumentada de 0,7% até valores da ordem de 4%. Para comparação, o urânio usado nas armas nucleares deve ser enriquecido a, pelo menos, 90% em U_{235} em plantas especialmente projetadas para esse fim.

O urânio sai da mina na forma de um produto que se denomina concentrado (*yellow cake*), que é uma mistura estável de óxidos caracterizada, em geral, por seu teor equivalente de U_3O_8. Esse composto deve ser convertido para hexafluoreto de urânio (UF_6), um sal que sublima a baixas temperaturas, da ordem de 60 °C, antes de proceder-se ao enriquecimento.

A transformação para UF_6 é realizada graças às propriedades do flúor, que é monoisotópico e faz com que o UF_6 varie de estado a pressões e temperaturas facilmente alcançáveis. Quando é aquecido, converte-se em gás, e graças a isso pode ser submetido ao processo de enriquecimento. Em temperaturas inferiores, converte-se em líquido e é introduzido em contêineres especiais. Esfriando-se esses contêineres, o UF_6 se solidifica, sendo transportado nessa forma.

Existe um número importante de processos de enriquecimento que foram desenvolvidos em laboratório, contudo apenas dois – a difusão gasosa e a centrifugação – são utilizados nas plantas comerciais atuais. Em ambos os processos o UF_6 na forma de gás é utilizado como material de alimentação. As moléculas de UF_6 com átomos de U_{235} são 1% mais rápidas que as com U_{238}, e essa pequena diferença de massas é a base de ambos os processos. Esse serviço se mede em Unidades de Trabalho Separativo (UTS)[9].

Processo de difusão gasosa

Nesse processo, o UF_6 gasoso é forçado a passar através de uma série de membranas porosas e diafragmas. Como as moléculas de U_{235} são menos pesadas do que as que contêm U_{238}, elas se movem mais rápido e têm um probabilidade maior de atravessar os poros da membrana. Por isso, o UF_6 que atravessa cada membrana está ligeiramente enriquecido com U_{235}, enquanto o que não passa está empobrecido deste isótopo (Figura 2.3).

---

[9] O poder de separação de uma ultracentrífuga é medido em kg de UTS, ou Unidade de Trabalho Separativo, por ano (kg UTS/ano). Essa unidade advém da teoria de operação de meios em cascata e é expressa, de forma geral, pela equação:

$$\text{Poder de separação} \sim L \times \text{rotação}^n \times D \times (DM)^2 \times \text{Temp}^{-2}$$

Onde: **L** – comprimento vertical; **D** – coeficiente de difusão do UF_6; **DM** – diferença de massa entre isótopos ($U_{238} - U_{235}$); **Temp** – temperatura do UF_6; **n** – coeficiente entre 4 e 5. (Fonte: Silva, O. L. P.; Marques, A. L F. Enriquecimento de Urânio no Brasil. *Economia & Energia*, n. 54. fev.-mar. 2006. Disponível em: <http://ecen.com/eee54/eee54p/enriquec uranio brasil.htm>. Acesso em: 10 nov. 2009.

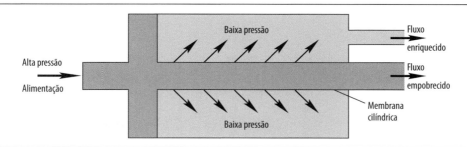

FIGURA 2.3 – Esquema do processo de enriquecimento por difusão gasosa.
Fonte: Adaptado do IAEA-Tecdoc-1613.

Esse processo é repetido muitas vezes em séries de etapas de difusão que se chamam cascatas. O UF_6 enriquecido é extraído do extremo de uma cascata, e o empobrecido (caudas), do extremo oposto. O gás deve atravessar em torno de 1.400 etapas para que se obtenha um produto enriquecido ao redor de 4% de U_{235}.

Hoje, em torno de 40% da capacidade mundial de enriquecimento utiliza essa tecnologia (plantas da Usec, nos Estados Unidos, e Eurodif, na França). Tal tecnologia, entretanto, é grande consumidora de energia elétrica e encontra-se em obsolescência, sendo, pouco a pouco, substituída pela tecnologia de centrifugação.

Processo de centrifugação

Nesse processo, o UF_6 gasoso é forçado a passar através de uma série de tubos submetidos a vácuo. Cada um desses cilindros tem um rotor. Quando esses rotores são postos a girar (entre 50.000 e 70.000 rpm), as moléculas mais pesadas do U_{238} tendem a concentrar-se na periferia e as mais rápidas no centro do rotor. O gás enriquecido alimenta as etapas seguintes, e o empobrecido é enviado para as anteriores (Figura 2.4).

Tanto o Japão como a China operam pequenas plantas de centrifugação. O Brasil desenvolveu a tecnologia de centrifugação de forma autônoma, tendo inaugurado sua primeira unidade de demonstração industrial desse processo em 1988, e a segunda, em 1994. Essa tecnologia está hoje sendo transferida para as Indústrias Nucleares do Brasil (INB) para a implantação de unidade industrial em Resende, no Estado do Rio de Janeiro.

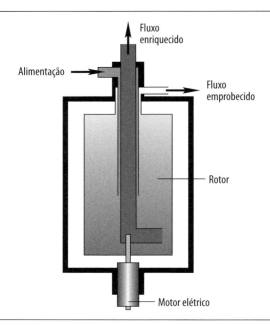

FIGURA 2.4 – Esquema do processo de enriquecimento por centrifugação.
Fonte: Adaptado do IAEA-Tecdoc-1613.

O Paquistão também desenvolveu uma tecnologia de centrifugação com base nas informações coletadas pelo "célebre" Dr. Kahn nos anos 1980 junto à Urenco. Essa tecnologia foi transferida para a Coreia do Norte, o Irã e a Líbia. Na atualidade, o Irã continua a desenvolvê-la.

Fornecimento mundial

São necessárias de 100.000 a 120.000 UTS para enriquecer a necessidade anual de combustível para um típico reator nuclear de potência a água leve de 1.000 MWe. Os custos de enriquecimento estão substancialmente relacionados com a energia elétrica utilizada. O processo de difusão gasosa consome cerca de 2.500 kWh (9.000 MJ) por UTS, enquanto as centrífugas a gás das plantas modernas requerem apenas 50 kWh (180 MJ) por UTS. A capacidade mundial de enriquecimento é mostrada na Tabela 2.3.

O enriquecimento responde por quase a metade do custo do combustível nuclear e cerca de 5% do custo total da eletricidade gerada. É a etapa principal de emissão de gases de efeito estufa no ciclo do combustível nuclear, pois a eletricidade utilizada para o enriquecimento é gerada a partir do carvão. No entanto, ela atinge apenas 0,1% da emissão de dióxi-

Combustíveis nucleares e sustentabilidade

Tabela 2.3 – Capacidade mundial de enriquecimento (UTS/ano x 1.000)			
	2005	**2008**	**2015**
França – Areva	10.800*	10.800*	7.000
Alemanha, Holanda, Reino Unido – Urenco	8.100	11.000	12.000
Japão – JNFL	150	150	150
EUA – USEC	11.300*	11.300*	3.800
EUA – Urenco	0	0	5.900
EUA – Areva	0	0	1.000
Rússia – Tenex	20.000	25.000	33.000
China – CNNC	1.000	1.300	3.000
Outros	5	100	300
Total UTS	51.350	59.650	68.850
Necessidade (WNA)		48.000-46.500	47.000-61.000

*Enriquecimento por difusão.
Fontes: OCDE NEA (2006) Nuclear Energy Data, WNA Market Report.

do de carbono equivalente das centrais elétricas a carvão, se são usadas centrífugas a gás de plantas modernas, ou até 3%, no pior caso.

Há quatro grandes empresas que fornecem quase 95% das necessidades mundiais desses serviços: na União Europeia, a Eurodif (cujo maior acionista é o grupo francês Areva) e a Urenco (Holanda, Reino Unido e Alemanha); a Usec, nos Estados Unidos, e a Tenex, na Rússia.

A Tenex tem uma capacidade de 23 milhões de UTS e fornece diretamente (27%) ou indiretamente (12% mediante o acordo HEU) em torno de 40% das necessidades mundiais (18 MUTS).

A Urenco tem sua capacidade instalada em três plantas de produção de 9 MTUS e fornece 20% das necessidades mundiais.

A Eurodif tem uma capacidade instalada na sua planta GB de 11 MUTS e produz 20% (ao redor de 9 MUTS) da necessidade global.

O grupo norte-americano Usec tem uma capacidade instalada de 8 MUTS, mas só produz 12% das necessidades mundiais (5,5 MUTS), apesar de comercializar outros 12% que procedem do acordo HEU (outras 5,5 MUTS).

O fato de o consumo energético dos processos de centrifugação ser muito menor que o dos processos de difusão (menos de 10%) está levando as grandes plantas de difusão nos Estados Unidos e na França a iniciarem uma etapa de substituição dessa tecnologia pela de centrifugação. Em 10 anos espera-se que praticamente a totalidade das plantas de enriquecimento use essa tecnologia.

A planta de centrifugação da Usec (projeto ACP) tem para o ano de 2012 uma capacidade prevista de 3,8 MUTS.

A planta de centrifugação europeia da Areva (GB II) tem para o ano de 2014 uma capacidade prevista de 4 MUTS, e 7,5 MUTS para o ano de 2018.

Ademais, estão previstas duas novas plantas de centrifugação nos Estados Unidos: uma da Urenco (projeto NEF) com 3,2 MUTS em 2013 e 5,9 MUTS em 2015, e outra da Areva, com 3 MUTS em 2019.

Existem em estado de desenvolvimento outros processos de enriquecimento – a *laser*, por exemplo – que, se alcançarem uma escala comercial, poderão vir a ser a base de uma nova geração de plantas de enriquecimento com menor custo de capital e menor consumo de energia. O mais avançado é o projeto Silex do grupo GE-Hitachi, que está na atualidade em projeto piloto e que espera ter uma planta comercial de capacidade de 1 MUTS no ano de 2013. Recentemente, o grupo canadense Cameco se incorporou a esse projeto.

Todos esses novos projetos asseguram que o possível aumento da demanda por esses serviços no futuro próximo serão cobertos adequadamente com plantas mais eficientes de menor consumo energético.

2.4   Os combustíveis nucleares e suas reservas conhecidas

De acordo com a última edição (2007) do reconhecido "Red Book"[10] publicado em conjunto entre a Agência de Energia Nuclear da OCDE e a Agência Internacional de Energia Atômica da ONU, as reservas de urânio conhecidas, exploráveis a um custo inferior a 130 dólares por quilo, possuem 5,5 milhões de toneladas. A Tabela 2.4 dá uma ideia de como estão distribuídas essas reservas no mundo. Pode-se ver que a

---

[10] OCDE/NEA e IAEA, *Uranium 2007: Resources, Production and Demand,* OCDE, Paris (2008).

Combustíveis nucleares e sustentabilidade 75

Tabela 2.4 – Reservas de urânio conhecidas (< US$ 130.00)				
Reservas de urânio (t U) (abaixo de US$ 130,0/kg U)				
País	**RAR**	**Inferidas**	**Total**	**%**
Austrália	725.000	518.000	1.243.000	22,7
Cazaquistão	378.000	439.200	817.200	14,9
Canadá	329.200	121.000	450.200	8,2
EUA	339.000		339.000	6,2
África do Sul	284.400	150.700	435.100	8,0
Namíbia	176.400	30.900	207.300	3,8
Brasil	157.400	121.000	278.400	5,1
Níger	243.100	30.900	274.000	5,0
Federação Russa	172.400	373.300	545.700	10,0
Uzbequistão	72.400	38.600	111.000	2,0
Índia	48.900	24.000	72.900	1,3
China	48.800	19.100	67.900	1,2
Outros	363.300	263.900	627.200	11,5
Total	3.338.300	2.130.600	5.468.900	100

Fonte: Reservas Razoavelmente Asseguradas mais Reservas Inferidas, recuperáveis até US$ 130/kg, 1 jan. 2007. do OCDE/NEA & IAEA, *Uranium 2007: Resources, Production and Demand* ("Red Book").

Austrália tem uma parte substancial, com 15% das reservas de urânio de baixo custo (23%), seguida pelo Cazaquistão e pela Rússia, com 10%.

A edição 2007 do "Red Book"[11] relatou um aumento dos recursos de urânio, refletindo o crescimento recente das atividades de prospecção em todo o mundo. O aumento dos recursos relatado é uma tendência contínua. Ao longo dos últimos 14 anos (sete edições "Red Book"), foram relatados aumentos nos recursos de urânio de mais de 2,4 milhões de toneladas, apesar de mais de 0,5 milhão de toneladas já ter sido extraído.

---

[11] OCDE/NEA e IAEA, *Uranium 2007: Resources, Production and Demand*, OCDE, Paris (2008).

A duração dos recursos identificados de urânio (5,5 milhões de toneladas de U natural) ultrapassa os 80 anos no ritmo atual de consumo de cerca de 70.000 toneladas por ano. Esse número, no entanto, pode ser enganoso porque todos os recursos minerais sofrem alteração nos seus valores com a evolução dos preços das *commodities*, sendo que o urânio não é exceção.

O aumento registrado nas reservas entre 2005-2007 corresponde a 11 anos da demanda de urânio do ano de 2006, o que é uma poderosa demonstração do impacto dos preços do urânio no aumento desse recurso. Além disso, as quantidades de urânio relatadas no "Red Book" são apenas uma parte dos recursos já conhecidos e não se constituem em um inventário completo da quantidade de urânio recuperável. Exemplos de onde os recursos de urânio são conhecidos, mas não declarados, são a Austrália, a Federação Russa, os Estados Unidos e o Brasil. Segundo o mencionado "Red Book", as estimativas atuais de todas as reservas esperadas, incluindo aquelas não suficientemente quantificadas ou não econômicas no momento, representam uma quantidade da ordem de 10 milhões de toneladas adicionais, o que representa mais de 200 anos de suprimento no atual ritmo de consumo.

2.5 Horizonte para 2030 considerando as tecnologias atuais

A relação histórica entre as necessidades de urânio (demanda) e a produção de urânio (oferta) está mostrada na Figura 2.5. Verifica-se que a oferta superou a demanda até 1990, quando essa relação se inverteu. O fosso entre o urânio recém-extraído e o urânio processado (oferta primária) e a necessidade de urânio que se desenvolveu a partir de 1990 foi preenchido pelo fornecimento secundário, por meio do abaixamento de inventário de urânio altamente enriquecido (HEU – *High Enriched Uranium*) de arsenais militares. Em 2003, a demanda primária total foi coberta igualmente pelo fornecimento secundário.

No final de 2006, um total de 435 reatores nucleares comerciais estavam operando com uma capacidade de geração líquida de cerca de 370 GWe exigindo cerca de 66.500 tU. Existem diferentes projeções de como a capacidade nuclear mundial irá crescer até o ano de 2030. Para efeito de avaliação no presente trabalho, são consideradas as projeções

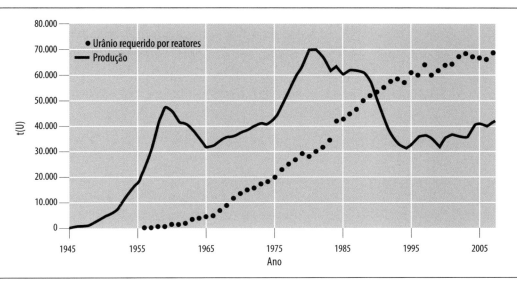

FIGURA 2.5 – Produção mundial anual de urânio e urânio requerido por reatores (1945 – 2005)[12].
Fonte: OCDE – *Uranium 2007*.

da OCDE/NEA[13], com dois cenários: um cenário de baixo crescimento de cerca de 509 GWe líquidos e um cenário de alto crescimento com 663 GWe líquidos (valor bastante próximo do cenário da Política 450 da AIE – *WEO2009*). Assim, as necessidades de urânio para atender o parque mundial de geração de eletricidade estão projetadas para valores entre 93.775 tU a 121.955 tU em 2030 (Figuras 2.5 e 2.6).

Existem variações regionais significativas nessas projeções. A capacidade nucleoelétrica e as necessidades de urânio resultantes devem crescer significativamente na Ásia (entre 91% no cenário baixo e mais de 124% no cenário alto) e na Europa Central, Oriental e no sudeste da Europa (entre 84% e 159%). A capacidade nuclear instalada deve aumentar na América do Norte (entre 9% e 32%), mas entrar em declínio na Europa Ocidental (uma redução entre 10% e 29%) caso os planos para eliminar progressivamente a energia nuclear sejam implementados na Alemanha e na Bélgica. Não é clara ainda a tendência dessas projeções. Os fatores que favorecem são: segurança energética,

---

[12] OCDE/NEA e IAEA, *Uranium 2007: Resources, Production and Demand*. OCDE, Paris, 2008.

[13] OCDE/Nuclear Energy Agency, International Atomic Energy Agency, *Uranium 2007: Resources, Production and Demand. OCDE/NEA*, Paris, 2008 ("2007 Red Book").

redução da utilização de combustíveis fósseis e redução de gases de efeito estufa. Outros fatores que influem são: preocupações com a não proliferação, a aceitação pública da energia nuclear e as estratégias de gestão de rejeitos, bem como a competitividade econômica das centrais nucleares, em comparação com outras fontes de energia.

As condições de mercado são o principal condutor das decisões para desenvolver novos centros de produção ou ampliar os existentes. Como os preços de mercado têm aumentado significativamente, os planos para elevar a capacidade de produção têm se desenvolvido com rapidez. Vários países, sobretudo a Austrália, o Canadá, o Cazaquistão e a África do Sul, relataram planos para adições significativas à capacidade futura prevista.

O cenário de oferta e demanda está evoluindo rapidamente e existe um forte estímulo ao aumento das atividades. Não é apenas a demanda para 2030 que tem previsão de aumento, mas a dinâmica de expansão da capacidade de produção alterou significativamente a oferta – a demanda relativa ao passado recente poderia induzir o atendimento do cenário de alta demanda já em 2028 se todos os projetos existentes, comprometidos, planejados e prospectivos fossem desenvolvidos (Figura 2.6). Diferentemente, a capacidade existente e compromissada reportada pelos centros de produção, embora potencialmente superior à demanda do cenário de alta, entre 2010 e 2017, está projetada para atender cerca de 89% das necessidades do cenário de baixa demanda, mas apenas cerca de 68% das necessidades do cenário de alta demanda em 2030. Com centros de produção planejados e prospectivos operando, a capacidade de produção primária seria suficiente para satisfazer as exigências do cenário de baixa em 2030, mas, para o cenário de alta, a capacidade de produção primária seria insuficiente (97% dos requisitos do cenário de alta demanda em 2030)[14].

O "Red Book" destaca que, embora possa ser tentador interpretar a existência de um excesso de oferta no mercado a partir das projeções da capacidade de produção retratadas na Figura 2.6, a experiência passada mostra que isso não é provável. Capacidade de produção não significa produção efetiva. Na Figura 2.6, à esquerda da linha vertical que delimita a produção mundial do ano de 2007 (incluindo a produção

---

[14] OCDE/Nuclear Energy Agency, International Atomic Energy Agency, *Uranium 2007: Resources, Production and Demand*. OCDE/NEA, Paris, 2008 ("2007 Red Book").

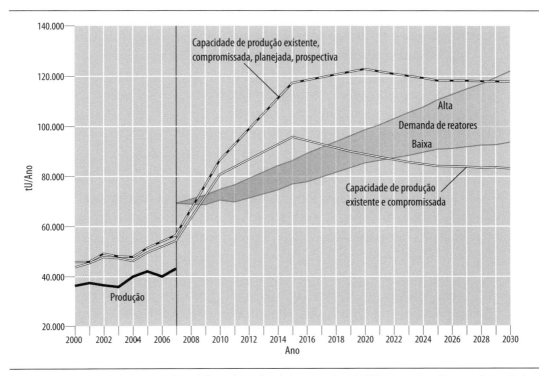

FIGURA 2.6 – Capacidade mundial anual de produção de urânio projetada até 2030 em comparação com a demanda dos reatores*.

* Inclui todos os centros de produção existentes, comprometidos, planejados e potenciais, apoiados por reservas razoavelmente asseguradas e inferidas, recuperáveis a um custo de US$ 80/kgU.

esperada em 2007), foram desenhadas linhas para ilustrar a diferença atual existente entre a produção e a capacidade de produção. O desafio será preencher a lacuna entre a produção mundial e as exigências dos reatores para as condições de baixa e alta demanda nos próximos anos.

A produção mundial nunca excedeu 89% da capacidade de produção[15] e desde 2003 tem variado entre 75% e 84% da capacidade de produção. Dado o histórico recente do desenvolvimento das minas, podem ser esperados atrasos na criação de centros de produção, retardando então a produção antecipada de centros planejados e de centros prospectivos. Embora a indústria tenha respondido vigorosamente ao sinal dos preços elevados do mercado, o urânio do chamado fornecimento se-

---

[15] NEA, *Forty Years of Uranium Resources, Production and Demand in Perspective*. OCDE, Paris, 2006.

cundário será necessário para complementar a produção primária, além de economias de urânio obtidas na especificação de caudas mais baixas no enriquecimento. Após 2013, a disponibilidade das fontes secundárias de urânio deve diminuir, e as necessidades dos reatores terão de ser cada vez mais atendidas pela produção primária[16]. Portanto, apesar dos significativos acréscimos na capacidade de produção relatados no "Red Book", ainda há pressão para instalações que venham a produzir em tempo hábil. Para que isso se concretize, um mercado forte será necessário para trazer os investimentos requeridos pela indústria.

Um elemento-chave no mercado de urânio continua a ser a disponibilidade de fontes secundárias, sobretudo o nível dos estoques disponíveis nos diferentes países e o tempo restante até que essas reservas sejam esgotadas. Não há informações precisas sobre fontes secundárias de urânio, em especial quanto aos níveis de inventário[17]. Isso dificulta uma tomada de decisão eficaz quanto ao desenvolvimento de novas capacidades de produção. No entanto, é evidente que o mercado forte dos últimos tempos tem estimulado a exploração e aumentou o desenvolvimento da capacidade de produção.

2.6 O Brasil e o seu capital energético nuclear

No cenário nuclear mundial, apenas os Estados Unidos, a Rússia e o Brasil possuem os três aspectos estratégicos associados à energia nuclear: reservas de urânio asseguradas, domínio tecnológico das etapas do ciclo de combustível nuclear e uso da energia nuclear para a geração de eletricidade.

Os recursos de urânio do Brasil são apresentados na Figura 2.7 em termos de categorias identificadas (asseguradas + inferidas), prognosticadas e especulativas[18].

Conforme descrito no Capítulo 1, o crescimento da geração nuclear no Brasil para o horizonte de 2030 situa-se entre 4 a 8 GWe de capaci-

---

[16] IAEA (2001), *Analysis of Uranium Supply to 2050*. IAEA-SM-362/2, Vienna, 2001.

[17] NEA (2006), *Forty Years of Uranium Resources, Production and Demand in Perspective*. OCDE, Paris, 2006.

[18] TRANJAN FILHO, A. "Nuclear Fuel Cycle: Brazilian Approach and Perspectives", Proceedings of Meeting on Nuclear Industry. In: *International Nuclear Atlantic Conference – 2009*, Rio de Janeiro, 27 set. a 2 out. 2009. CD fornecido pela Aben (2009).

Combustíveis nucleares e sustentabilidade

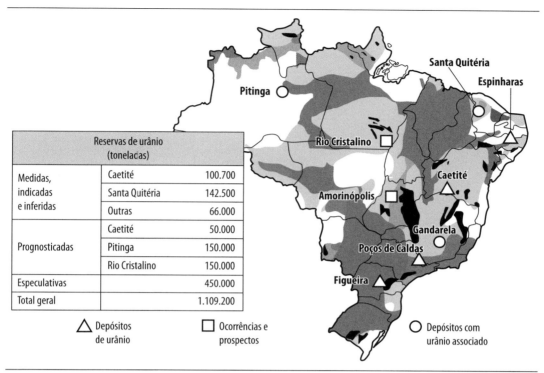

FIGURA 2.7 – Reservas de urânio no Brasil[19].
Fonte: Indústrias Nucleares do Brasil – INB.

dade instalada, incluindo a construção de novas centrais nucleares de 1 GWe após a conclusão da central nuclear de Angra 3, de acordo com o Plano Nacional de Energia – PNE 2030. Para fazer face ao crescimento da aplicação nuclear na geração de eletricidade no Brasil, a INB (Indústrias Nucleares do Brasil)[20] assumiu premissas que norteiam o seu planejamento estratégico, conforme mostrado na Tabela 2.5.

Com base nas premissas assumidas, a demanda e o suprimento de urânio e os serviços associados ao ciclo do combustível no Brasil estão apresentados nas Figuras 2.8 a 2.10.

Como discutido no Capítulo 1, a opção nuclear tem uma importante contribuição a oferecer para complementar o sistema elétrico brasileiro

---
[19] TRANJAN FILHO, A., op. cit.
[20] Empresa de economia mista ligada à Comissão Nacional de Energia Nuclear – CNEN e ao Ministério da Ciência e Tecnologia, responsável pelas atividades do ciclo do combustível nuclear, mineração, processamento primário até a produção e montagem dos elementos combustíveis que acionam os reatores de usinas nucleares do Brasil.

Tabela 2.5 – Premissas para o ciclo do combustível nuclear no Brasil[21]

Reator	MW	Início de operação	Concentrado t (U_3O_8)/ano	Conversão t (UF_6)/ano	Enriquecimento UTS x 10^3/ano
Angra 1	626	em operação	160	190	90
Angra 2	1.350	em operação	320	410	200
Angra 3	1.350	2014	320	410	200
Nuclear 1	1.000	2019	250	380	170
Nuclear 2	1.000	2022	250	380	170
Nuclear 3	1.000	2025	250	380	170
Nuclear 4	1.000	2028	250	380	170
Nuclear 5	1.000	2031	250	380	170
Nuclear 6	1.000	2034	250	380	170
Total	9.326		2.300	3.290	1.510

Fonte: INB.

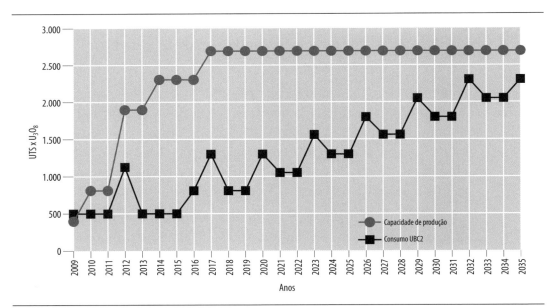

FIGURA 2.8 – Capacidade de produção x demanda de U_3O_8[22].
Fonte: INB.

---

[21] TRANJAN FILHO, A., op. cit.
[22] TRANJAN FILHO, A., op. cit.

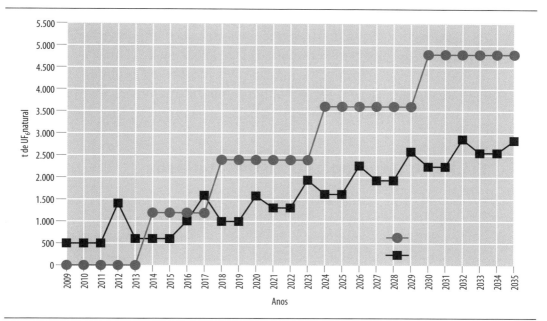

FIGURA 2.9 – Capacidade de UF$_6$ x demanda UF$_6$ natural[23].
Fonte: INB.

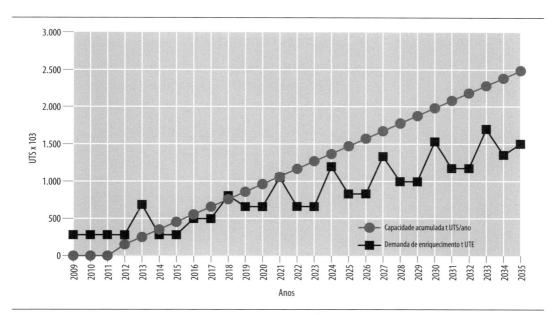

FIGURA 2.10 – Capacidade de produção de UTS x demanda de UTS[24].
Fonte: INB.

---

[23] TRANJAN FILHO, A., op. cit.
[24] TRANJAN FILHO, A., op. cit.

e participar dos esforços de desenvolvimento e crescimento econômico. Do ponto de vista das reservas identificadas e inferidas de urânio, bem como dos serviços associados ao ciclo do combustível nuclear, verifica-se a viabilidade de implementação no horizonte de projeção, bem como uma larga margem de sobra, para uma futura expansão do parque de centrais ao longo do século XXI.

2.7 Evolução tecnológica e sustentabilidade

O parque atual de reatores nucleares no mundo supõe uma capacidade combinada de 370 GWe. Esses reatores operam de uma forma cada vez mais produtiva, com maiores fatores de capacidade e níveis de potência superiores e, portanto, o consumo de urânio requerido também aumenta, mas não no mesmo ritmo do aumento da produção de eletricidade. Os fatores que aumentam a demanda de combustível estão sendo compensados pela tendência de maiores queimas de descarga do combustível e outras medidas de eficiência, e por isso a demanda se mantém bastante estável. Nos 18 anos seguintes a 1993, a geração elétrica com reatores nucleares se multiplicou por 5,5, enquanto o consumo de urânio aumentou por um fator de 3.

Esforços estão sendo empreendidos na direção da redução das caudas do processo de enriquecimento, o que também reduz a quantidade de urânio natural necessária para a mesma quantidade de combustível.

O reprocessamento do combustível nuclear de reatores a água leve convencional aumenta em 30% a eficiência do uso das reservas atuais.

Programas internacionais – como, por exemplo, o Fórum Internacional Geração IV (GIF) e o *Project on Innovative Nuclear Reactors and Fuel Cycles* (Inpro) – estão trabalhando para desenvolver tecnologias avançadas, visando ampliar a contribuição da energia nuclear de forma sustentável, e serão discutidos no Capítulo 3.

Outras fontes importantes de combustível nuclear são os estoques de ogivas nucleares armazenadas no mundo. Desde 1987 os Estados Unidos e os países que formavam a antiga União Soviética firmaram uma série de acordos de desarmamento que reduzem em 80% os arsenais nucleares desses países. Essas armas têm urânio enriquecido superior a 90% em U_{235}, que é 925 vezes a proporção usada nos reatores convencionais e, portanto, são uma fonte extraordinária de combustível.

Combustíveis nucleares e sustentabilidade

Desde 2000 foram diluídas 325 toneladas de urânio militar altamente enriquecido (3.000 ogivas nucleares) para a fabricação de combustível, evitando o uso de 9.000 toneladas de urânio por ano, o que representa 13% das necessidades dos reatores no mundo.

Na atualidade, o urânio é o único combustível extraído da terra que se usa em reatores nucleares de potência. Contudo o tório também pode ser utilizado nos reatores Candu (de água pesada) ou em reatores projetados para esse fim. Os reatores de água pesada têm uma eficiência neutrônica muito maior que os de água leve e podem operar um ciclo de combustível com tório, iniciando com um material físsil como U_{235} ou Pu_{239}. Então o tório (Th_{232}) captura um nêutron no reator e se converte em físsil (U_{233}), que continua a reação. O tório é três vezes mais abundante que o urânio na crosta terrestre.

Outra tecnologia importante nesse processo é a possibilidade de utilização dos reatores rápidos. Caso sua viabilidade venha a ser comprovada, a utilização do urânio em relação à tecnologia atual seria multiplicada por 60. Um reator desse tipo começa sua operação com plutônio obtido do reprocessamento do combustível convencional e opera junto com a planta de reprocessamento. Esse reator, abastecido com urânio natural na sua parte fértil pode operar de tal forma que de cada tonelada de urano se obtenha 60 vezes mais energia que num reator convencional.

Conforme discutido neste capítulo, existem recursos suficientes para suportar um crescimento significativo da capacidade de geração nucleoelétrica no longo prazo. As reservas identificadas[25] são suficientes para mais de 80 anos, considerando as necessidades de urânio do ano de 2006 de 66.500 tU. De acordo com as taxas de utilização efetivas de 2006[26], (abordagem considerada mais realista pelo "Red Book", uma vez que as necessidades de urânio são as expectativas das compras anuais dos governos, e não a demanda efetiva para a fabricação de elementos combustíveis), a base de recursos identificados seria suficiente

---

[25] Recursos identificados incluem todas as categorias de custos da RAR e recursos inferidos para um total de cerca de 5.468.800 TU (Tabela 2.3).

[26] TWh por uso de urânio é retirado da OCDE/NEA (2001), Tendências do Ciclo do Combustível Nuclear, Paris [9]. Esses dados foram utilizados para definir quanto de eletricidade poderia ser gerado com os níveis apresentados de recursos de urânio. Anos de produção foram, então, desenvolvidos para *factoring* na taxa de geração de 2006 (2.675 TWh líquido, Figura 2.6) e arredondados para mais próximo dos cinco anos.

para cerca de 100 anos de abastecimento dos reatores, sem levar em conta a poupança de urânio conseguida, por exemplo, com a redução das caudas de enriquecimento e a utilização de combustível MOX. A exploração de todas reservas convencionais[27] aumentaria esse prazo para cerca de 300 anos, embora a exploração e o desenvolvimento exijam significativos investimentos. Como a indústria nuclear é bastante recente e a cobertura mundial de exploração de urânio é limitada, há um considerável potencial para a descoberta de novos recursos de interesse econômico.

Também existem consideráveis recursos não convencionais, incluindo urânio contido em rochas fosfáticas, que podem ser utilizados para aumentar significativamente a oferta desse mineral para suprir a demanda de energia, utilizando as tecnologias atuais. Contudo, considerável esforço e investimento teriam de ser dedicados a uma melhor definição da extensão dessa potencial e importante fonte de urânio.

Para alcançar a sustentabilidade, o efeito combinado da exploração mineral e do desenvolvimento tecnológico devem criar recursos pelo menos no mesmo ritmo em que são consumidos.

Os dados históricos mostram que isso tem ocorrido regularmente no passado e continua a ocorrer com a maioria dos minerais. Como já mencionado, as condições de mercado são o principal condutor das decisões para desenvolver novos centros de produção ou ampliar os existentes. Assim, existem reservas de combustível nuclear suficientes para atender à demanda atual de energia, bem como ao aumento da demanda futura. No entanto, para atingir seu pleno potencial de exploração, consideráveis investimentos serão necessários em pesquisa de tecnologias promissoras e para desenvolver novos projetos de mineração em tempo hábil.

Um desenvolvimento tecnológico muito promissor, demonstrado em escala laboratorial, mas ainda não explorado em escala de demonstração industrial, é o uso da fusão nuclear para gerar material físsil. A fusão nuclear, além de gerar energia, produz como subproduto um elevado fluxo de nêutrons, muito superior ao associado à fissão. Esse fluxo

---

[27] O total dos recursos convecionais inclui todas as categorias de custos RAR, inferidas, prognosticadas e especulativas para um total de cerca de 16.008.900 TU. Esse total não inclui fontes secundárias ou recursos não convencionais, como, por exemplo, o urânio de rochas fosfáticas.

de nêutrons, que não tem uso energético direto, pode ser direcionado para massas de urânio ou tório natural, produzindo quantidades significativas de plutônio-239 ou urânio-233, que poderão ser usados como combustível nuclear em reatores de fissão. Com base nesse princípio, poderão ser desenvolvidos reatores híbridos fusão-fissão[28], cuja aplicação prática poderia ser implementada antes dos reatores de fusão pura, tais como aqueles que objetivam o projeto internacional ITER[29]. Além de produzir isótopos físseis, os reatores híbridos fusão-fissão têm grande potencial como "incineradores" de rejeitos radioativos de longa meia-vida gerados em reatores de fissão.

---

[28] The Fusion-Fission Hybrid Reactor for Energy Production: A Practical Path to Fusion Application, Y. Wu, H. Chen, J. Jiang, S. Liu, Y. Bai, Y.Chen, M. Jin, Y. Liu, M. Wang, Y. Hu, FDS Team, Institute of Plasma Physics, Chinese Academy of Sciences, P.O. Box 1126, Hefei, Anhui, 230031, China, Phone/Fax: +86 551 559 3326 E-mail: ycwu@ipp. ac.cn.

[29] International Thermonuclear Experimental Reactor (ITER) é um projeto de reator experimental a fusão nuclear baseado na tecnologia do Tokamak. O projeto é uma cooperação internacional entre China, União Europeia (representada pela Euratom), Índia, Japão, Coreia do Sul, Rússia e Estados Unidos, sob os patrocínios da Agência Internacional de Energia Atômica. O ITER consiste em uma usina de fusão nuclear, que usa o hidrogênio operando a 100 milhões °C para produzir 500 MW de energia, por meio do processo de fusão nuclear. Dessa maneira, em condições laboratoriais, são reproduzidas as reações de fusão que acontecem no Sol e em outras estrelas, uma das tecnologias do futuro para gerar energia elétrica renovável, limpa e barata. Mais informações em: <http://www.iter.org/default.aspx>. Acesso em: 5 ago. 2008.

3 Aspectos de segurança e confiabilidade

3.1 Acidentes nucleares

Vários acidentes associados com o setor de energia ocorreram ao longo da história recente. Na Tabela 3.1[1] estão contabilizados os principais acidentes por fonte de energia, acompanhados do número aproximado de mortes confirmadas. Desses acidentes, o mais grave foi o rompimento da barragem da hidrelétrica de Banqiao, no Rio Amarelo, China, com 26 mil mortes declaradas oficialmente pelo governo chinês.

Tabela 3.1 – Mortes por acidentes e eventos similares relacionados à energia					
Fonte	Período	Mínimo de mortes por acidente	Total de acidentes	Total de mortes	
				Mínimo	Máximo
Hidrelétrica	1900-2009	300	9	33.100	240.000
Carvão	1860-2009	300	32	20.700	30.700
Óleo e Gás	1930-2009	100	35	14.400	16.500
Nuclear	**1940-2009**	**1**	**32**	**111**	**140**
Eólica	1975-2009	1	59	65	?

---

[1] Para informações completas veja: Bittencourt, Fábio. *Energia nuclear é perigosa?* Disponível em: <http://www.alerta.inf.br>. Acesso em: 15 nov. 2009.

Na geração nucleoelétrica, os dois principais acidentes com reatores nucleares foram os ocorridos nas centrais de Three Mile Island, nos Estados Unidos, e o acidente de Chernobyl, na Ucrânia. Ambos tiveram grande impacto no setor nuclear e importantes desdobramentos para o aprimoramento dos projetos dos reatores e para a cultura de segurança desse setor.

3.1.1 O acidente de Three Mile Island

A central nuclear de Three Mile Island, localizada próximo de Harrisburg, Pensilvânia, nos Estados Unidos, tinha dois reatores nucleares pressurizados a água leve (PWR). Um dos PWR era de 800 MW e entrou em serviço em 1974. Ele continua sendo um dos reatores de melhor desempenho dos Estados Unidos. A Unidade 2 era de 900 MWe.

O acidente aconteceu na unidade 2, às 4 horas da madrugada do dia 28 de março de 1979, quando o reator estava operando a 97% de potência. Tratava-se de uma avaria relativamente pequena no circuito de refrigeração do secundário, que fez com que a temperatura do fluido de resfriamento do primário aumentasse. Em resposta, o reator sofreu um desligamento automático. Esse desligamento demorou cerca de um segundo. Nesse ponto, uma válvula de alívio falhou no seu fechamento e a instrumentação não revelou esse fato, fazendo com que grande quantidade do refrigerante do primário fosse drenada, impedindo a remoção do calor residual de decaimento do núcleo do reator. Como resultado, o núcleo sofreu graves danos.

Os operadores foram incapazes de diagnosticar ou responder de forma adequada ao desligamento automático não planejado do reator. Deficiências de instrumentação da sala de controle e formação inadequada para responder a emergências provaram ser as causas do acidente.

A partir das lições aprendidas com o acidente de TMI-2 foram disseminadas informações e criadas disciplinas para treinamento de operadores e para o reporte de eventos, o que fez com que a indústria de energia nuclear se tornasse comprovadamente mais segura e confiável. Essas tendências são promovidas e monitoradas pelo Instituto de Operação de Plantas Nucleares (INP)[2] e por meio da rígida regulamentação

---

[2] Institute of Nuclear Power Operations. Disponível em: <http://www.inpo.info/>. Acesso em: 9 nov. 2009.

Aspectos de segurança e confiabilidade

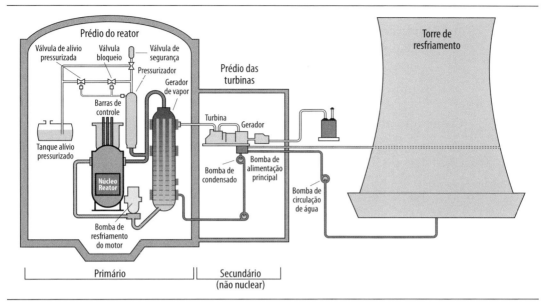

FIGURA 3.1 – Esquema da unidade 2 da central de Three Mile Island.
Fonte: Adaptado de World Nuclear Association – *Three Mile Island Accident* (mar. 2001). Disponível em: <http://www.world-nuclear.org/info/inf36.html>. Acesso em: 9 nov. 2009.

do U. S. Nuclear Regulatory Commission[3], que acabam se disseminando como referência para vários países, inclusive o Brasil.

O que ocorreu:

- O combustível do núcleo do reator TMI-2 ficou descoberto e mais de um terço do combustível derreteu.

- A instrumentação e os programas de treinamento inadequados dificultaram a capacidade dos operadores para responder ao acidente.

- O acidente foi acompanhado por problemas de comunicação que levaram informações conflitantes ao público, contribuindo para temores de que a radiação fosse liberada da planta.

- As emissões não eram graves e não ofereceram perigos à saúde. Isso foi confirmado por milhares de amostras ambientais e outras medições realizadas durante o acidente.

---

[3] O Nuclear Regulatory Commission é o órgão regulatório nuclear dos EUA, que exerce suas atribuições por meio de licenciamento, inspeção e estabelecimento dos requisitos a serem cumpridos por usinas nucleares comerciais e outros usos de materiais nucleares, como na medicina. Disponível em: <http://www.nrc.gov/>. Acesso em: 15 nov. 2009.

- A contenção do prédio do reator funcionou como previsto. Apesar da fusão de cerca de um terço do núcleo de combustível, o vaso do reator manteve a sua integridade e conteve o combustível danificado.

O que não aconteceu:

- Não houve nenhuma "Síndrome da China".
- Não houve feridos ou impactos detectáveis para a saúde a partir do acidente, além do estresse inicial.

Impactos de longo prazo:

- As aplicações das lições do acidente produziram importante melhoria contínua no desempenho de todas as usinas nucleares.
- O acidente promoveu uma melhor compreensão da fusão do combustível no núcleo de um reator, incluindo a improbabilidade de uma "Síndrome da China", ou seja, a fusão do combustível ultrapassar o vaso de pressão do reator ou o prédio de contenção.
- A confiança pública na energia nuclear, em particular nos Estados Unidos, declinou acentuadamente após o acidente de Three Mile Island. Foi uma das principais causas do declínio na construção de reatores nucleares de aplicação civil nas décadas de 1980 e 1990.

3.1.2 O Acidente de Chernobyl

Em abril de 1986, o acidente na usina nuclear de Chernobyl, na Ucrânia, foi o produto de um projeto mal elaborado e erros graves cometidos pelos operadores, num contexto de um sistema político e administrativo em que o treinamento e o comprometimento das pessoas com a segurança eram mínimos. Foi uma consequência direta do isolamento da Guerra Fria e a resultante falta de uma cultura de segurança.

Em 25 de abril de 1986, antes de um desligamento de rotina, a equipe do reator de Chernobyl-4 começou a se preparar para um teste para determinar quanto tempo as turbinas permaneceriam girando e fornecendo potência num evento de perda do suprimento princi-

Aspectos de segurança e confiabilidade 93

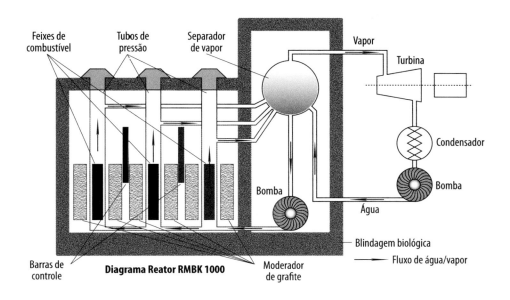

FIGURA 3.2 – Desenho esquemático do reator RMBK 1000 da central de Chernobyl.
Fonte: OCDE NEA.

pal de energia elétrica. Testes similares já haviam sido realizados em Chernobyl e em outras plantas, apesar do fato de esses reatores serem conhecidos pela grande instabilidade em configurações de baixa potência.

Uma série de ações dos operadores, incluindo a desativação dos mecanismos de desligamento automático, precedeu o teste que estava previsto para o início de 26 de abril. Como o fluxo de água de refrigeração diminuiu, houve um aumento de potência. Quando os operadores tentaram desligar e retirar o reator da sua condição de instabilidade decorrente dos erros anteriores, uma peculiaridade do projeto causou uma dramática excursão de potência.

Os elementos de combustíveis romperam, e a força explosiva do vapor resultante tirou a pesada tampa de cobertura do reator, liberando produtos de fissão para a atmosfera. Uma segunda explosão jogou fora fragmentos do combustível queimado e de grafite quente do núcleo, e permitiu a entrada de ar, fazendo com que o núcleo explodisse em chamas.

O acidente destruiu o reator número 4 da central de Chernobyl e matou 30 pessoas, incluindo 28 por exposição a radiações. Mais 209 pessoas envolvidas com a limpeza do local foram tratadas em decorrência de exposição aguda à radiação e ao envenenamento e, dentre esses, 134 casos foram confirmados (todos os quais, aparentemente, recuperados). Todavia, 19 dessas pessoas morreram depois, em decorrência de efeitos atribuíveis ao acidente. Ninguém fora do sítio da usina sofreu efeitos de radiação aguda.

Se em Three Mile Island o reator foi destruído, mas toda a radioatividade foi contida – cumprindo a função prevista no projeto e, assim, não resultando em mortes ou ferimentos –, o mesmo não ocorreu em Chernobyl.

Após o acidente de Chernobyl, a segurança de todos os reatores de concepção soviética tem melhorado muito. Isso se deve, em grande parte, ao desenvolvimento de uma cultura de segurança incentivada por uma maior colaboração entre o Oriente e o Ocidente, e substancial investimento na melhoria dos reatores.

Modificações foram feitas para superar as deficiências em todos os reatores do tipo RMBK ainda em funcionamento. Nestes, originalmente, a reação nuclear em cadeia e a potência aumentavam no caso da perda da água de resfriamento, ou se esta fosse transformada em vapor, diferentemente da maioria dos desenhos ocidentais. Foi esse fenômeno que causou a oscilação de energia descontrolada que levou à destruição do reator Chernobyl-4.

Para todos os reatores do tipo RMBK já foram introduzidas alterações nas suas barras de controle, acrescentando absorvedores de nêutrons e, consequentemente, aumentando o enriquecimento do combustível de 1,8% para 2,4% em U235, tornando-os muito mais estáveis a baixa potência. Mecanismos de desligamento automático operam agora mais rápido, e outros mecanismos de segurança foram melhorados. Inspeções automáticas de equipamento também foram instaladas. Uma repetição do acidente de Chernobyl de 1986 é hoje praticamente impossível, de acordo com um relatório da agência de segurança nuclear alemã (German Nuclear Safety Agency)[4].

Desde 1989, mais de 1.000 engenheiros nucleares da antiga União Soviética visitaram usinas nucleares ocidentais, e tem havido muitas

---

[4] Dados disponíveis em: <http://www.world-nuclear.org/info/chernobyl/inf07.htmel>. Acesso em: 9 nov. 2009.

visitas recíprocas. Mais de 50 acordos de cooperação entre usinas nucleares do Oriente e do Ocidente têm sido postos em prática. A maior parte deles está sob a égide da Associação Mundial de Operadores Nucleares (Wano), órgão formado em 1989, que congrega 130 operadores de centrais nucleares em mais de 30 países.

Muitos outros programas internacionais foram iniciados na sequência de Chernobyl. A Agência Internacional de Energia Atômica (AIEA) criou projetos de revisão da segurança para cada tipo especial de reator soviético, promovendo reuniões com operadores e engenheiros ocidentais e se concentrando em melhorias na segurança. Essas iniciativas são apoiadas por mecanismos de financiamento. A assistência ocidental já contabiliza um total de quase 1 bilhão de dólares para mais de 700 projetos relacionados à segurança de reatores nucleares nos países do antigo bloco oriental.

Cabe aqui ressaltar que o fato de as consequências do acidente de Chernobyl terem tido grande extensão geográfica decorre do incêndio prolongado da grande quantidade de grafite contida no núcleo do reator. Foi a energia contida no grafite liberada por esse incêndio a responsável pelo espalhamento de materiais radioativos a grande distâncias. Num reator a água leve, que compõe a maioria do parque nucleoelétrico mundial, incluindo as usinas brasileiras, não existe tal energia disponível: logo, o pior acidente possível nesse tipo de reator teria consequências limitadas geograficamente a um raio de 15 km em torno do local do acidente. Para fazer frente a essa eventualidade, as usinas nucleares têm um plano de emergência associado para proteger as populações residentes nessa região restrita.

3.2   Experiência operacional acumulada

Os indicadores de segurança publicados pela Associação Mundial de Operadores Nucleares (World Association of Nuclear Operators)[5] e reproduzidos nas Figuras 3.3 e 3.4 demonstram uma extraordinária melhoria ocorrida nos anos 1990. Nos últimos anos, em algumas áreas, a situação está estabilizada. No entanto, a diferença entre o melhor e o pior desempenho ainda é grande, proporcionando espaço significativo para a melhoria contínua.

---

[5] World Association of Nuclear Operators. Disponível em: <http://www.wano.info/>. Acesso em: 15 nov. 2009.

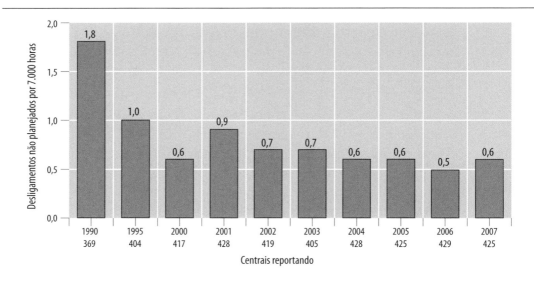

FIGURA 3.3 – Desligamentos não programados por 7.000 horas de reator crítico.
Fonte: WANO: 2007 Performance Indicators[6].

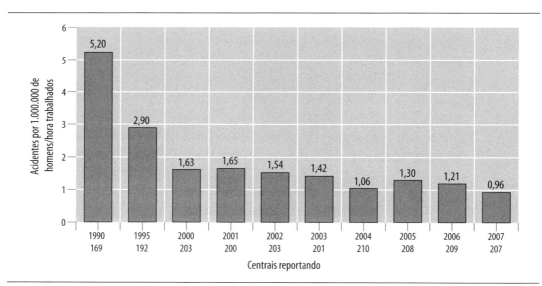

FIGURA 3.4 – Acidentes industriais nas plantas nucleares por 1.000.000 de homens/hora trabalhados.
Fonte: WANO: 2007 Performance Indicators.

---

[6] World Association of Nuclear Operators. *2007 Performance Indicators*. Disponível em: <http://www.wano.org.uk/PerformanceIndicators/PI_Trifold/PI_2007_TriFold.pdf>. Acesso em: 16 nov. 2009.

Os operadores de centrais nucleares continuaram a mostrar um forte desempenho de segurança nuclear em 2008, sem graves acidentes ou exposição a radiações significativas para os trabalhadores ou o público. A maioria dos utilitários das centrais nucleares em funcionamento tem um forte programa de troca de experiências de operação no qual até mesmo os eventos classificados como quase acidentes são analisados e compartilhados[7].

Em virtude da expansão prevista para o setor nuclear, especialistas destacam que uma cuidadosa gestão da cadeia de suprimentos torna-se essencial, já que as empresas nucleares são cada vez mais multinacionais. A garantia de qualidade na cadeia de suprimento de tecnologia nuclear deve promover um esforço adicional para harmonização de normas e dos requisitos de segurança nuclear em escala global.

3.3   Reatores atuais e de Geração IV

Uma abordagem interessante sobre a evolução dos reatores nucleares para a geração de energia elétrica é mostrada na Figura 3.5, e foi desenvolvida pelo Departamento de Energia dos Estados Unidos.

A nomenclatura dos modelos de reatores, descrevendo quatro "gerações", foi proposta pelo Departamento de Energia dos Estados Unidos quando introduziu o conceito de reatores da Geração IV.

Os reatores da Geração I foram os protótipos construídos nos anos 1950 e 1960 e que proporcionaram a base de conhecimento para o desenvolvimento dos primeiros reatores comerciais, os chamados reatores de Geração II, que foram os construídos até meados da década de 1990. Os reatores da Geração II são o PWR (Pressurized Water Reactor), o Candu (Canadian Deuterium Uranium), o BWR (Boling Water Reactor), o AGR (Advanced Gas-Cooled Reactor) e o VVER (versão russa do PWR).

Reatores de Geração III são desenvolvimentos de qualquer dos reatores de Geração II que incorporaram melhorias evolutivas de design, aprimoradas ao longo da operação dos modelos de Geração II, como a

---

[7] International Atomic Energy Agency. *Improving the Operating Experience Feedback INSAG-23*, Viena, 2008. Disponível em: <http://www-pub.iaea.org/MTCD/publications/PDF/ Pub1349_web.pdf>. Acesso em: 16 nov. 2009.

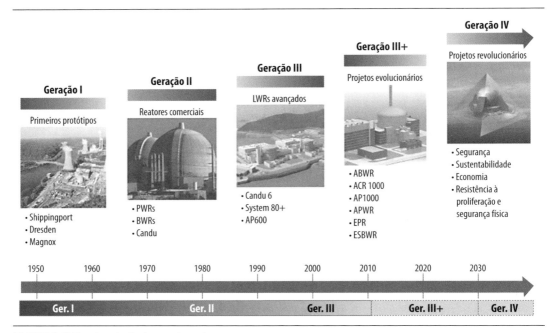

FIGURA 3.5 – A evolução da energia nuclear.
Fonte: Adaptado de US Department of Energy. GEN IV Energy Systems. Disponível em: <http://www.ne.doe.gov/GenIV/neGenIV1.html>. Acesso em: 16 nov. 2009.

melhoria na tecnologia de combustível, a melhoria na eficiência térmica e nos sistemas de segurança passiva, além da padronização de procedimentos para manutenção, resultando em redução de custos, maior eficiência operacional e possibilidade de extensão de vida (60 anos de vida operacional ou mais, em contraste com os 40 anos projetados para os reatores de Geração II).

A maioria das usinas nucleares de desenhos avançados disponíveis hoje em dia é de melhorias evolutivas de projetos anteriores. Essa abordagem tem a vantagem de manter as características de projetos comprovados, minimizando os riscos ligados a mudanças revolucionárias nos paradigmas tecnológicos. Esses projetos requerem, em geral, pouco investimento em pesquisa e desenvolvimento, e seus testes são de natureza confirmatória. Projetos inovadores, por outro lado, incorporam mudanças conceituais radicais nas abordagens de projeto ou nas configurações dos sistemas em comparação com práticas existentes.

Apesar de uma vasta gama de diferentes tecnologias, dos 438 reatores comerciais em operação no final de 2008, a maioria é de reatores

Aspectos de segurança e confiabilidade

de água leve (LWR). Aproximadamente 82% são moderados e refrigerados com água leve, 10% são reatores moderados e refrigerados com água pesada, 4% são moderados com grafite e refrigerados a gás, e 4% são moderados com grafite e refrigerados com água leve. Dois reatores nucleares arrefecidos com metal líquido também estão em operação.

3.3.1 Projetos evolucionários – Geração III+

A próxima expansão no uso de energia nuclear será baseada, sobretudo, na evolução de projetos existentes, a chamada Geração III+. Tais projetos incorporam a realimentação de experiências operacionais na interface homem-máquina, na confiabilidade dos componentes e nas melhorias de segurança e de economia. Semelhantemente aos reatores avançados de Geração III, considerando que grande parte dos sistemas utiliza soluções de engenharia já comprovadas, os reatores evolutivos de Geração III+ exigem, no máximo, testes de engenharia confirmatórios. Exemplos de elementos de design evolucionários comumente utilizados para melhoria da economia são:

- aumento da potência do reator;
- encurtamento no cronograma de construção, reduzindo os encargos financeiros que incorrem sem compensação de receitas;
- padronização e construção em série, distribuindo custos fixos por várias unidades;
- ganhos de produtividade na fabricação de equipamentos, na engenharia de campo e na construção;
- construção de unidades múltiplas em um único local;
- incentivo à participação da indústria local e à autossuficiência.

Além da melhoria na economia dos empreendimentos, diversos meios são usados para melhorar a segurança e a confiabilidade em projetos evolutivos: aumento da atenção para os perigos externos, avanços nos testes e na inspeção, além da aplicação da avaliação probabilística de segurança (APS). Projetos evolucionários também colocam maior ênfase na interface homem-máquina – incluindo a melhoria das salas de controle – e no projeto dos sistemas da usina para facilitar a manutenção. Instrumentação e sistemas de controle também são atualizados pelo uso de sistemas digitais.

Um exemplo dessa geração de reatores é o projeto da Areva denominado European Pressurized Water Reactor (EPR), de 1670 MWe, que atende aos requisitos da União Europeia. O primeiro EPR, o Olkiluoto-3, na Finlândia, está em construção com operação comercial prevista para 2012. Além disso, a empresa Électricité de France começou a construção de um EPR em Flamanville, com conclusão prevista para cerca de 2012, e deverá começara a contrução de um segundo EPR em Penly em 2010. A Areva assinou um contrato para fornecimento de dois EPR em Taishan, na China, que estão previstos para entrar em serviço em 2014. A Areva também está trabalhando em uma versão do EPR para atender aos requisitos dos Estados Unidos.

Na República da Coreia, uma melhoria da versão do padrão coreano de usina nuclear (KSNP), o Optimized Power Reactor (OPR) de 1.000 MWe, está em construção em Shin-Kori 1 e 2, com operação comercial prevista para 2010 e 2011.

Existem vários projetos em diferentes fases de desenvolvimento e base tecnológica sendo executados na África do Sul, no Canadá, no Cazaquistão, na China, na França, no Japão, na Bulgária, no Reino Unido, na Rússia, na Índia e nos Estados Unidos, reportados no documento *Nuclear Technology Review*[8].

3.3.2 A Geração IV e as futuras inovações

Os principais fatores que influenciam o desenvolvimento da nova geração de sistemas nucleares de energia no século XXI são a economia, a segurança, a resistência à proliferação e a proteção ambiental, que envolve recursos melhorados de operação e para a redução da geração de rejeitos.

Os conceitos dos reatores de Geração IV estão sendo desenvolvidos para uso de combustíveis avançados, obtidos a partir da reciclagem dos combustíveis utilizados nos reatores atuais e aptos para atingirem altas queimas. As estratégias de ciclo de combustível visam permitir a utilização eficiente dos recursos domésticos de urânio e minimizar desperdícios. Muitas inovações futuras incidirão em sistemas que utilizam

---

[8] International Atomic Energy Agency. *Nuclear Technology Review 2009*, Viena, 2009. Disponível em: <http://www.iaea.org/About/Policy/GC/GC52/GC52InfDocuments/English/gc52inf-3_en.pdf>. Acesso em: 16 nov. 2009.

nêutrons rápidos e que podem produzir mais material físsil, na forma de plutônio-239, do que é consumido. Nêutrons rápidos em reatores rápidos também habilitam essas instalações para a transmutação de certos radioisótopos de longa duração, reduzindo a carga ambiental e a gestão de rejeitos altamente radioativos.

Além das inovações relacionadas com a eficiência de combustível, há outras questões que exigem abordagens inovadoras, incluindo aplicações a altas temperaturas e projetos para locais isolados ou remotos. Abordagens inovadoras específicas para redução do risco de proliferação e de melhoria da proteção física estão sendo incorporados nos conceitos da Geração IV, como sistemas de prevenção a atos terroristas que tenham as centrais nucleares como alvo ou que tenham a intenção de usá-las de modo inadequado para desenvolver materiais para armas nucleares.

Os conceitos da Geração IV também incluem avanços na segurança e confiabilidade para melhorar a aceitação pública em relação à energia nuclear e garantir a segurança de investimento para os proprietários das usinas. Ciclo de vida e custos competitivos, conceito de construção modular e cronogramas encurtados para desenvolvimento e construção das plantas, juntamente com riscos financeiros aceitáveis, estão sendo considerados nesses conceitos para uma alta eficiência na produção de eletricidade.

Para serem tomados como base da Geração IV, muitos tipos de reatores foram considerados inicialmente; no entanto, a lista foi reduzida com foco nas tecnologias mais promissoras e as que tinham maior probabilidade de atingir as metas dessa geração. Três sistemas são reatores de nêutrons térmicos, e outros três são reatores de nêutrons rápidos, conforme mostrados nas Figuras 3.6 a 3.8 e sumariados na Tabela 3.1.

Um sistema de temperatura muito alta também está sendo pesquisado por seu potencial de fornecer calor para um processo de alta qualidade para a produção de hidrogênio. Os reatores rápidos oferecem a possibilidade de queima de actinídeos para continuar a reduzir os rejeitos radioativos e serem capazes de produzir mais combustível do que consomem. Esses sistemas oferecem avanços significativos em sustentabilidade, segurança e confiabilidade, economia, resistência à proliferação e proteção física.

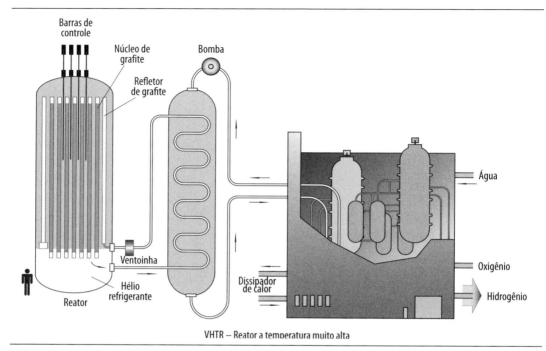

FIGURA 3.6a – Reator a temperatura muito alta. Very High Temperature Reactor (VHTR).

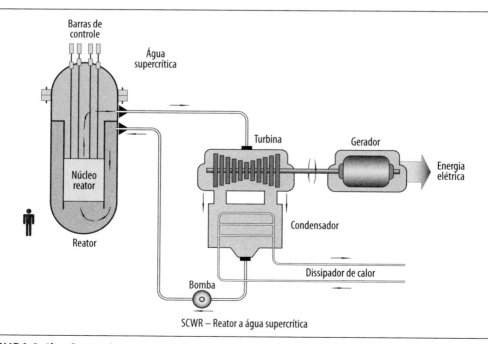

FIGURA 3.6b – Reator a água supercrítica. Supercritical Water-Cooled Reactor (SCWR).
Fonte: Adaptado de US Department of Energy. *GEN IV Energy Systems*. Disponível em: <http://www.ne.doe.gov/GenIV/neGenIV1.html>. Acesso em: 16 nov. 2009.

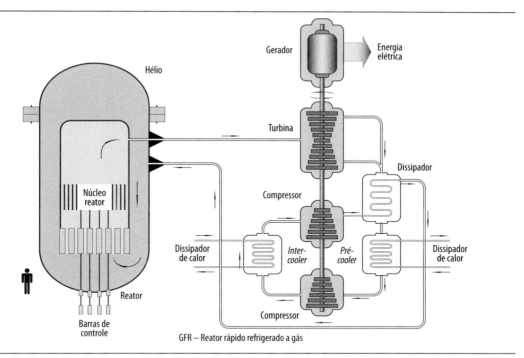

FIGURA 3.7a – Reator rápido refrigerado a gás. Gas-Cooled Fast Reactor (GFR).

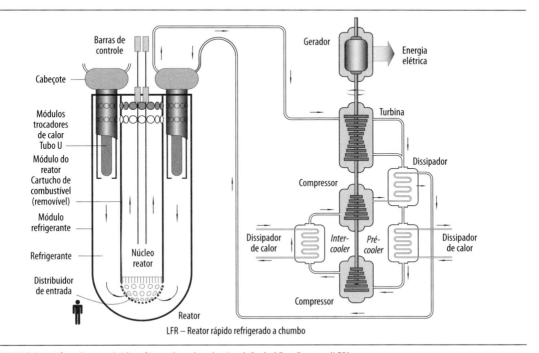

FIGURA 3.7b – Reator rápido refrigerado a chumbo. Lead-Cooled Fast Reactor (LFR).
Fonte: Adaptado de US Department of Energy. *GEN IV Energy Systems*. Disponível em: <http://www.ne.doe.gov/GenIV/neGenIV1.html>. Acesso em 16 nov. 2009.

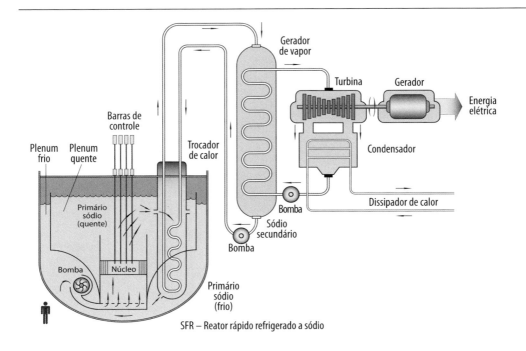

FIGURA 3.8a – Reator rápido refrigerado a sódio. Sodium-Cooled Fast Reactor (SFR).

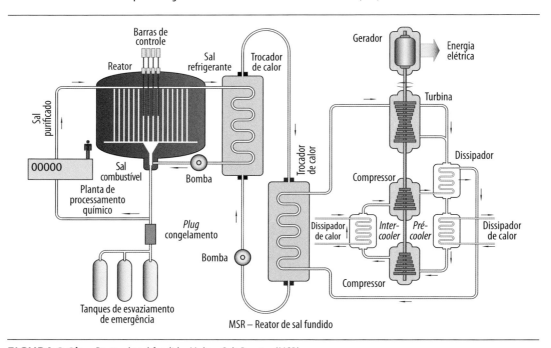

FIGURA 3.8b – Reator de sal fundido. Molten Salt Reactor (MSR).
Fonte: Adaptado de US Department of Energy. *GEN IV Energy Systems*. Disponível em: <http://www.ne.doe.gov/GenIV/neGenIV1.html>. Acesso em: 16 nov. 2009.

Aspectos de segurança e confiabilidade

Tabela 3.2 – Visão geral dos sistemas de Geração IV					
Sistema	**Espectro de nêutrons[9]**	**Ciclo de Combustível[10]**	**Potência (MWe)**	**Aplicações**	**Necessidades de P&D**
Reator a temperatura muito alta (VHTR)	Térmico	Aberto	250	Eletricidade, hidrogênio, processo de aquecimento	Combustíveis, materiais, produção H2
Reator a água supercrítica (SCWR)	Térmico, rápido	Aberto, fechado	1500	Eletricidade	Materiais, termo-hidráulica
Reator rápido refrigerado a gás (GFR)	Rápido	Fechado	200-1200	Eletricidade, produção de hidrogênio	Combustíveis, materiais, termo-hidráulica
Reator rápido refrigerado a chumbo (LFR)	Rápido	Fechado	50-150-300-600-1200	Eletricidade, hidrogênio, gestão de actinídeos	Combustíveis, materiais
Reator rápido refrigerado a sódio (SFR)	Rápido	Fechado	300-1500	Eletricidade, gestão de actinídeos	Opções de reciclagem avançadas, combustíveis
Reator de sal fundido (MSR)	Epitérmico	Fechado	1000	Eletricidade, hidrogênio, gestão de actinídeos	Combustíveis, materiais, confiabilidade

---

[9] O fluxo de nêutrons rápidos (alta energia) e térmicos (baixa energia) refere-se à energia preferencial na qual ocorrem as reações nucleares no combustível.

[10] No ciclo aberto, o combustível passa apenas uma vez para queima em um reator e em seguida é armazenado em depósitos geológicos. Já no ciclo fechado, o plutônio, o urânio e os actinídeos remanescentes no combustível queimado podem ser recuperados quimicamente e convertidos novamente em combustível para uso em outras usinas nucleares.

4 Competitividade e custo

4.1 Preços dos combustíveis para gerar eletricidade

Os custos de produção de energia, seja qual for a tecnologia envolvida, podem ser divididos em três componentes principais: custo de capital, custo de operação e manutenção (O&M) e custo de combustível. Em geral, a escolha da opção tecnológica depende da situação internacional e da economia do país. A geração nucleoelétrica é muito intensiva em capital, enquanto os custos de combustível são relativamente muito mais baixos comparados aos combustíveis fósseis. Portanto, se um país como o Japão ou a França tem de escolher entre a importação de grandes quantidades de combustível ou investir uma grande quantidade de capital no próprio país, a análise de custo-benefício não é evidente.

O urânio tem a vantagem de ser uma fonte altamente concentrada de energia, de fácil transporte e armazenável a custos baixos. As quantidades necessárias são muito menores do que as de carvão ou petróleo. Um quilograma de urânio natural irá produzir cerca de 20.000 vezes mais energia que a mesma quantidade de carvão. Ele é, portanto, uma mercadoria intrinsecamente muito portátil e negociável. Por outro lado, o desenvolvimento da energia nuclear alavanca emprego e renda por encomendas nas indústrias locais que constroem a planta e também minimizam os compromissos de longo prazo para compra de com-

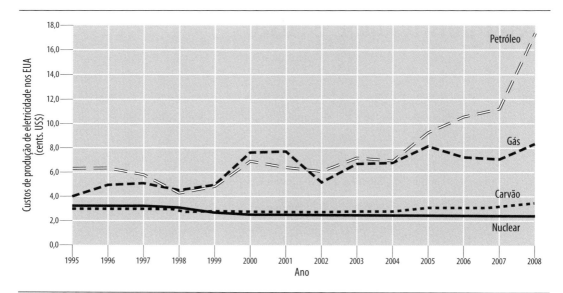

FIGURA 4.1 – Custos de produção de eletricidade nos Estados Unidos.
Nota: Custos de produção = operação & manutenção + combustível. Custos de produção não incluem custos indiretos e de capital.
Fonte: NEI apud WNA. Disponível em: <http://www.world-nuclear,org/info/info2.html>. Acesso em: 16 nov. 2009.

bustíveis no exterior. Compras no exterior ao longo da vida útil de uma nova geradora a carvão no Japão, por exemplo, podem estar sujeitas a aumentos de preços que representariam sérias perdas de reservas em moeda estrangeira, ao passo que a opção do urânio é menos suscetível à volatilide. Na Figura 4.1 está mostrada a comparação da evolução dos custos de geração de eletricidade nos Estados Unidos para diferentes fontes de energia.

Para quaisquer usinas nucleares, o custo final de geração elétrica inclui ainda a gestão do combustível irradiado, o descomissionamento da planta[1] e a disposição final de rejeitos. Esses custos, que em geral são considerados externalidades para outras tecnologias, no caso da energia nuclear são obrigatoriamente internalizados (ou seja, eles têm de ser provisionados pelas geradoras de energia, e são repassados ao cliente no preço final de venda da energia elétrica).

---

[1] O descomissionamento deve cumprir dois objetivos: ao final do período operacional da instalação, o sítio da central deve ser mantido permanentemente seguro e deve ser recuperado para permitir outros usos.

Os custos de descomissionamento são de cerca de 9% a 15% do custo de capital inicial de uma usina nuclear. Mas, quando descontados, eles contribuem apenas para uma pequena percentagem do custo de investimento e menos ainda para o custo de geração. Nos Estados Unidos, esses custos representam 0,1 a 0,2 centavos de US$/kWh, o que não é mais do que 5% do custo da eletricidade produzida.

A gestão do combustível irradiado inclui o seu armazenamento, ou a sua disposição final em repositório de rejeitos, o que contribui com outros 10% para os custos globais do kWh, valor que presupõe a disposição direta de combustíveis usados, sem reprocessamento.

Os custos da geração de energia nuclear diminuíram ao longo da década de 1990 e na década seguinte. Isso ocorreu porque os custos do combustível (incluindo o enriquecimento) e os custos de O&M declinaram. Em geral, os custos de construção das usinas nucleares são significativamente maiores do que os das usinas a carvão ou a gás, em virtude da necessidade de usar materiais especiais e incorporar recursos sofisticados de segurança e de redundância de equipamentos e nos sistemas de controle. Esses fatores oneram o custo de geração nuclear, mas uma vez que a planta esteja construída os custos variáveis são menores.

Um estudo comparativo de 2005 da OCDE[2] mostrou que a energia nuclear aumentou a sua competitividade ao longo dos sete anos anteriores. As principais mudanças desde 1998 foram o aumento dos fatores de capacidade das usinas nucleares e, paralelamente, a elevação dos preços do gás natural, que vem se alinhando com os do petróleo em termos de densidade energética. O estudo não considerou nenhum valor adicional de custos para as emissões de carbono produzidas por combustíveis fósseis, e abrangeu uma amostra de mais de cem plantas aptas a entrar em operação entre 2010 e 2015, incluindo entre elas 13 usinas nucleares. Os custos de construção de uma central nuclear variam entre US$ 1.000/kW, na República Tcheca, a US$ 2.500/kW, no Japão, com um valor médio de US$ 1.500/kW. Plantas de carvão foram calculadas em US$ 1.000/kW a 1.500/kW, plantas a gás em US$ 500/kW a 1.000/kW e a energia eólica em US$ 1.000/kW a 1.500/kW.

---

[2] Nuclear Energy Agency. *OCDE/IEA NEA 2005, Projected Costs of Generating Electricity- update*. Disponível em: <http://www.iea.org/textbase/nppdf/free/2005/ElecCost.pdf>. Acesso em: 14 dez. 2009

Em 2003, o Massachusetts Institute of Technolog (MIT)[3] publicou o resultado de um estudo de dois anos das perspectivas da energia nuclear nos Estados Unidos. Ajustando seus pressupostos para aqueles mais em linha com as expectativas da indústria (US$ 1.500/kW e quatro anos de construção, 90% de fator de capacidade, taxa de juros de 12% e adição de taxas e impostos), o custo de geração ficou em 4,2 centavos de US$/kWh, igual ao do carvão, mesmo sem qualquer custo adicional por emissão de gases de efeito estufa.

Esse estudo foi atualizado em maio de 2009 e indicou que, desde 2003, os custos de construção de todos os tipos de projeto de engenharia de grande porte têm aumentado de forma acentuada. O custo estimado da construção de uma usina nuclear tem aumentado a uma taxa de 15% ao ano, já levando em consideração a atual crise econômica. Essa avaliação se baseia nos custos reais das construções em marcha no Japão e na Coreia e nos custos projetados de novas usinas previstas para os Estados Unidos. Os custos de capital para o carvão e o gás natural também aumentaram, embora não na mesma proporção. Os custos do gás natural e do carvão, que aumentaram fortemente, agora estão recuando. Segundo o MIT, analisando em conjunto a escalada de custos de capital e dos combustíveis, a situação de custos relativos entre a geração nucleoelétrica, a carvão e a gás não difere muito dos resultados de 2003, e resultam nos seguintes valores em centavos de dólar de 2007: nuclear a 6,6 centavos por kWh, carvão a 8,3 centavos por kWh e o gás a 7,4 centavos por kWh, assumindo uma taxa de CO_2 de 25 euros por tonelada para carvão e gás natural.

4.2 Evolução de preços considerando aumento de demanda e incorporação de custos ambientais

A competitividade futura da energia nuclear depende, substancialmente, dos custos adicionais que possam advir das penalidades pela emissão de gases de efeito estufa por plantas de geração a carvão e a gás. É incerto como os custos reais para o cumprimento dos objetivos de redução das emissões de enxofre e gases de efeito estufa serão atribuídos às instalações de combustíveis fósseis.

---

[3] MIT – Massachusetts Institute of Technology. Disponível em: <http://web.mit.edu/>. Acesso em: 16 dez. 2009.

Conforme discutido no Capítulo 1, caso o cenário 450 venha a ser referendado, a Agência Internacional de Energia (AIE) assume a aplicação do sistema de *cap-and-trade* para os setores de geração de energia elétrica e para a indústria na OCDE+, a partir de 2013, e para as outras grandes economias a partir de 2021. A AIE assume que o CO_2 será comercializado de início em dois mercados distintos: o da OCDE+ e o das outras grandes economias. Para conter as emissões nos níveis requeridos, a estimativa é que o preço do CO_2 atingirá US$ 50 por tonelada na OCDE+ em 2020, subindo para US$ 110 por tonelada na OCDE+ e para US$ 65 por tonelada em outras grandes economias em 2030.

Um exemplo desses diferentes cenários é apresentado no estudo conduzido entre 2007 e 2008 pelo Escritório de Orçamento do Congresso dos Estados Unidos[4], que avaliou a sensibilidade dos efeitos dos custos sobre a emissão de carbono e a questão dos subsídios federais para viabilizar projetos comerciais de reatores nucleares de tecnologia avançada naquele país. Com os custos de emissão de carbono de cerca de US$ 45 por tonelada de CO_2, projetos avançados de tecnologia nuclear seriam competitivos com o carvão e o gás natural, mesmo sem outros incentivos. Inversamente, com os subsídios federais oferecidos para o primeiro reator nuclear avançado com potência de 6.000 Mwe, esse se tornaria um investimento atraente, mesmo sem os custos das emissões de carbono.

---

[4] The Congress of the United States, Congressional Budget Office. *Nuclear Power's Role in Generating Electricity*, maio de 2008. Disponível em: <http://www.cbo.gov/ftpdocs/91xx/doc9133/05-02-Nuclear.pdf>. Acesso em: 14 ago. 2009.

5 Rejeitos radioativos

A geração nucleoelétrica é a única opção tecnológica de produção de eletricidade em grande escala que tem completa responsabilidade sobre todos os seus rejeitos e assume integralmente os custos de sua gestão. Os custos dos rejeitos gerados em todas as etapas do ciclo do combustível são internalizados e pagos pelos consumidores na tarifa de eletricidade.

Em cada etapa do ciclo do combustível existem tecnologias comprovadas para o gerenciamento seguro dos rejeitos radioativos. O objetivo principal da gestão e disposição de rejeitos radioativos é proteger as pessoas e o ambiente. Isso significa isolar ou diluir os rejeitos de modo que a taxa ou concentração de qualquer radionuclídeo[1] que volte para a biosfera seja inofensiva. Para conseguir isso, praticamente todos os rejeitos são contidos e controlados. Ao setor de geração nucleoelétrica é vedada a possibilidade de causar poluição nociva por meio de liberação de materiais radioativos para o ambiente.

A radioatividade de todos os rejeitos nucleares decai com o tempo. Cada radionuclídeo contido nos rejeitos tem uma meia-vida específica

---

[1] Um radionuclídeo é um isótopo radioativo de um elemento químico em particular. Os isótopos de um dado elemento possuem um mesmo número atômico, mas diferente número de massa, isto é, possuem mesmo número de prótons, mas diferente número de nêutrons.

– o tempo necessário para a metade de seus átomos decaírem e, assim, perder metade da sua atividade. Radionuclídeos com meias-vidas longas tendem a ser emissores alfa e beta – fazendo com que o seu manuseio seja mais fácil por meio de blindagens simples – enquanto aqueles com meia-vida curta tendem a emitir raios gama, mais penetrantes e, portanto, que requerem blindagens mais complexas. Todos os rejeitos radioativos, entretanto, decaem em elementos não radioativos. Quanto mais radioativo é um isótopo, mais rápido ele decai.

Todos os rejeitos tóxicos precisam ser tratados com segurança, não apenas os rejeitos radioativos. Nos países que contam com a geração elétrica nuclear, os rejeitos radioativos compreendem menos de 1% do total de rejeitos industriais tóxicos. O volume de rejeitos nucleares produzidos na geração nucleoelétrica é muito pequeno em comparação com outros rejeitos gerados. A cada ano, as instalações de geração de energia nuclear no mundo produzem cerca de 200.000 m^3 de rejeitos radioativos de baixa atividade[2] e média atividade[3], e cerca de 10.000 m^3 de rejeitos de alta atividade[4], incluindo o combustível usado designado impropriamente como rejeito[5].

Note-se que o combustível usado, apesar de conter rejeitos de alta atividade (da ordem de 5% de sua massa total), não pode ser classificado aprioristicamente como rejeito, já que pode ser reciclado. O reprocessamento (nome dado pela indústria nuclear à reciclagem) permite separar os rejeitos de alta atividade da massa do combustível usado, sendo os restantes 95% – basicamente urânio com baixo enriquecimento e uma pequena parte de plutônio físsil – reaproveitados para outro ciclo de geração de energia. O reprocessamento já é particado em escala industrial pela França e pelo Japão.

---

[2] Rejeitos de baixa atividade radioativa são os gerados por hospitais e indústrias, bem como pelo ciclo do combustível nuclear. Eles não requerem blindagem durante o manuseio e transporte e são apropriados para enterro em profundidades rasas.

[3] Os rejeitos de média atividade radioativa contêm maiores quantidades de radioatividade e alguns requerem blindagem.

[4] Os rejeitos de alto nível de atividade radioativa decorrem da 'queima' do combustível de urânio em um reator nuclear. São altamente radioativos e quentes, assim exigem refrigeração e blindagem. Podem ser considerados como a "cinza" da "queima" de urânio. Contabilizam mais de 95% da radioatividade total produzida no processo de geração de eletricidade. Existem dois tipos distintos:
1. rejeitos do próprio combustível usado;
2. rejeitos resultantes do reprocessamento do combustível usado.

[5] International Atomic Energy Agency. The principles of radioactive waste management, *Safety Series*, n. 111-F, uma publicação do programa Radwass, IAEA (1995).

Nos países da OCDE, cerca de 300 milhões de toneladas de resíduos tóxicos são produzidos a cada ano, mas os rejeitos radioativos condicionados atingem um montante de apenas 81.000 m^3 por ano. No Reino Unido, por exemplo, cerca 120.000.000 m^3 de rejeitos são gerados por ano – o equivalente a pouco mais de 20 caixotes de lixo cheios para cada homem, mulher e criança. A quantidade de rejeitos nucleares produzidos para cada membro da população do Reino Unido é de 840 cm^3 (ou seja, um volume inferior a um litro). Desses rejeitos, 90% do volume é ligeiramente radioativo e é classificado como rejeito de baixa atividade (com apenas 1% da radioatividade total de todos os rejeitos radioativos). Os rejeitos de atividade intermediária perfazem 7% do volume e têm 4% da radioatividade. A forma de rejeitos mais radioativa é classificada como rejeitos de alta atividade e ao mesmo tempo representa apenas 3% do volume de todos os rejeitos radioativos produzidos (o que equivale a cerca de 25 cm^3 por cidadão, por ano, no Reino Unido), que contêm 95% da radioatividade[6].

Um reator de água leve típico de 1.000 MWe irá gerar (direta e indiretamente) 200 a 350 m^3 de rejeitos de baixa e média atividade por ano. Descarregará também cerca de 20 m^3 (27 toneladas) de combustível utilizado por ano, o que corresponde a um volume de 75 m^3 de disposição final após o encapsulamento, se ele for tratado como rejeito. Sempre que o combustível usado é reprocessado, apenas 3 m^3 de rejeitos vitrificados (vidro) são produzidos, o que é equivalente a um volume de 28 m^3 de eliminação após a colocação em uma ampola de disposição.

Em comparação, uma central de geração elétrica a carvão de mesma potência produz uma média de 400.000 toneladas de cinzas.

Hoje, as tecnologias para redução e diminuição do volume, bem como continuação de disseminação das boas práticas no âmbito da força de trabalho, têm contribuído para a minimização contínua dos rejeitos produzidos, um princípio que é fundamental na política de gestão de rejeitos da indústria nuclear. Enquanto os volumes de rejeitos nucleares produzidos são muito pequenos, a questão mais importante para a indústria nuclear é a gestão da sua natureza tóxica de uma forma que respeite o ambiente e não apresente nenhum perigo tanto para os trabalhadores como para o público em geral.

---

[6] World Nuclear Association. *Waste Management in the Nuclear Fuel Cycle* (atualizado em junho de 2009). Disponível em: <http://www.world-nuclear.org/info/info4.html>. Acesso em: 5 nov. 2009.

Os rejeitos radioativos de baixa e média atividade têm tratamento e gerenciamento de baixo custo e baixa complexidade tecnológica. Eles são compactados para diminuir o volume e armazenados em recipientes estanques.

5.1 Gestão dos rejeitos de alta atividade dos combustíveis usados: soluções atuais

O combustível usado dá origem ao rejeito de alta atividade, que pode ser o próprio combustível usado na forma de varetas de combustível, ou rejeitos resultantes do reprocessamento desse combustível. Em ambos os casos, o montante é modesto – como mencionado aqui, um reator típico gera cerca de 27 toneladas de combustível irradiado, ou 3 m^3 de rejeitos vitrificados, por ano. Ambos podem ser eficaz e economicamente isolados e têm sido manuseados e armazenados de forma segura desde que a energia nuclear começou a ser explorada.

O armazenamento é feito sobretudo em piscinas no sítio do reator, ou ocasionalmente em um local centralizado. Cerca de 90% do combustível utilizado no mundo está armazenado dessa forma, e, em alguns casos, há décadas. Em geral, as piscinas têm cerca de sete metros de profundidade, proporcionando uma camada de três metros de água sobre o combustível usado para protegê-lo totalmente. A água também resfria o combustível. Algumas estocagens são a seco em cascos ou cofres com circulação de ar e o combustível fica completamente circundado por concreto.

Se o combustível usado é reprocessado – como é o caso dos combustíveis de reatores do Reino Unido, da França, do Japão e da Alemanha –, os rejeitos de alta atividade compreendem os produtos de fissão altamente radioativos e alguns elementos transurânicos com radioatividade de longa vida. Estes são separados do combustível usado, permitindo que o urânio e o plutônio possam ser reciclados. O rejeito líquido de alta atividade resultante do reprocessamento deve ser solidificado. O rejeito de alta atividade também gera uma quantidade considerável de calor e requer refrigeração. Esse rejeito é vitrificado em borosilicato (vidro tipo Pyrex), encapsulado em cilindros de aço inoxidável, com cerca de 1,3 metro de altura, e armazenado para eventual disposição subterrânea a grande profundidade. Esse material não tem uso futuro concebível e é inequivocamente rejeito. O material estrutural e os acessórios dos elementos de combustível reprocessados são compactados para reduzir o volume e, em geral, incorporados em cimento antes de serem eliminados como rejeitos de média atividade. A França tem duas plantas comerciais para vitrificar rejeitos de alta atividade resultantes do reprocessamento do combustível nuclear, e também existem fábricas semelhantes no Reino Unido e na Bélgica. A capacidade dessas fábricas na Europa Ocidental é de 2.500 ampolas (1.000 t) por ano, e algumas já estão em funcionamento há três décadas.

Caso o combustível usado no reator não seja reprocessado, ele vai ser considerado integralmente como rejeito de alta atividade para disposição direta, tendo em vista que possui todos os isótopos radioativos, gera uma grande quantidade de calor e requer refrigeração. No entanto, há hoje uma relutância crescente em dispô-lo de forma não recuperável, uma vez que consiste basicamente de urânio (com um pouco de plutônio), o que representa um recurso energético potencialmente valioso. De qualquer maneira, após 40 a 50 anos, o calor e a radioatividade terão caído a um milésimo do nível que tinham quando foram removidos.

Após serem armazenados por cerca de 40 anos, os elementos combustíveis usados estão prontos para encapsulamento ou carregamento em cascos para armazenamento indeterminado ou disposição subterrânea permanente.

A disposição direta do combustível usado foi escolhida pela Finlândia e pela Suécia, embora esse conceito permita recuperar o combustível no futuro, caso ele venha a ser considerado um recurso energético. Isso implica um período de gestão e de supervisão antes que um repositório seja fechado.

Em virtude de uma moratória de fato estabelecida pelo governo norteamericano à época do Presidente Carter, foi considerado pelos governos posteriores que os Estados Unidos fariam a disposição direta do combustível. Entretanto, dada a significativa quantidade de elementos combustíveis usados, armazenados pelo parque nuclear norte-americano – o maior do mundo, com mais de 100 usinas que já operam há várias décadas –, essa posição está sendo reavaliada pelo atual presidente, Barack Obama. Já existem fortes indícios, consubstanciados por projetos concretos, de que o reprocessamento será retomado em breve nos Estados Unidos.

5.2 Reciclagem de combustível usado

Qualquer combustível usado ainda contém parte do U_{235} original, bem como vários isótopos de plutônio que foram formados no interior do núcleo do reator, e o U_{238}[7]. No total, isso contabiliza 96% do urânio original e mais da metade do conteúdo energético original (não levando em conta o U_{238}). O reprocessamento desenvolvido na Europa e na Rússia separa o urânio e o plutônio dos rejeitos para que possam ser reciclados para reutilização em reatores nucleares. O plutônio decorrente do reprocessamento é reciclado numa fábrica de combustível MOX, onde é misturado com óxido de urânio para produzir combustível fresco. Reatores europeus atuais utilizam mais de cinco toneladas de plutônio por ano em combustível MOX fresco.

A maioria das instalações comerciais de reprocessamento opera na França, no Reino Unido e na Rússia, com uma capacidade de cerca de 5.000 toneladas por ano e com uma experiência acumulada de 80.000 toneladas, em mais de 50 anos. Uma nova instalação de reprocessamento com capacidade de 800 t/ano está em processo de comissionamento no Japão. A França e o Reino Unido também fazem reprocessamento de instalações de outros países, sobretudo do Japão, que realizou mais de 140 transferências de combustível usado para a Europa desde 1979. Até agora, a maioria dos combustíveis japoneses usados tem sido reprocessada na Europa, onde os rejeitos são vitrificados, o urânio e o plutônio recuperados (como combustível MOX), e em seguida devolvidos para o Japão para serem empregados como combustíveis novos. A Rússia também reprocessa combustíveis usados, provenientes de reatores de projeto soviético de outros países.

---

[7] O combustível usado em reatores de água leve contém aproximadamente:
95,6% de urânio (menos de 1% é U-235);
2,9% de produtos de fissão estáveis;
0,9% de plutônio;
0,3% de césio e estrôncio (produtos de fissão);
0,1% de iodo e tecnécio (produtos de fissão);
0,1% de outros produtos de fissão longevos;
0,1% de actinídeos menores (amerício, cúrio, netúnio).

5.3 Disposição de combustíveis usados e outros rejeitos de alta atividade

Há cerca de 270.000 toneladas de combustível usado em armazenamento, muitas delas nos sítios dos reatores. Cerca de 90% desse combustível está em piscina de armazenamento, e o restante em armazenamento a seco. A produção anual de combustível utilizado é de cerca de 12.000 toneladas e, desse montante, 3.000 toneladas vão para o reprocessamento. A eliminação final não é urgente, em qualquer sentido logístico[8]. Na Figura 5.1 está mostrada uma instalação de estocagem de rejeitos da alta atividade no Reino Unido.

Para garantir que nenhuma liberação ambiental significativa ocorra ao longo de dezenas de milhares de anos, são planejadas barreiras múltiplas de disposição geológica. Elas imobilizam e isolam os elementos radioativos dos rejeitos de alta atividade e de alguns rejeitos de média atividade para a biosfera. As principais barreiras consistem em:

- Imobilizar rejeitos em uma matriz insolúvel, como o vidro de borosilicato ou rocha sintética (as pastilhas de combustível: feitas de UO_2, já são uma cerâmica muito estável).

- Selá-los dentro de um recipiente resistente à corrosão, como o aço inoxidável.

- Colocá-los em uma estrutura subterrânea profunda de rocha estável.

- Envolvê-los em recipientes com um aterramento impermeável, tais como bentonita, se o repositório contiver água.

A natureza já provou que o isolamento geológico é possível por meio de vários exemplos naturais (ou análogos). O caso mais significativo ocorreu há quase 2 bilhões de anos em Oklo, no que é hoje o Gabão na África Ocidental, onde vários reatores nucleares operam de forma espontânea dentro de um rico filão de minério de urânio[9]. (Nessa altura,

---

[8] World Nuclear Association. *Waste Management in the Nuclear Fuel Cycle* (atualizado em junho de 2009). Disponível em: <http://www.world-nuclear.org/info/info4.html>. Acesso em: 5 nov. 2009.

[9] A informação intitulada Oklo natural reactors encontra-se no site do Swedish Nuclear Fuel and Waste Management Company (Svensk Kärnbränslehantering, SKB). Disponível em: <www.skb.se>. Acesso em: 5 nov. 2009.

FIGURA 5.1 – Silos carregados com ampolas contendo rejeitos de alta atividade vitrificados no Reino Unido. Cada disco no chão cobre um silo com dez ampolas.

a concentração de U_{235} em todo o urânio natural foi de cerca de 3%.) Esses reatores nucleares naturais estiveram em atividade por cerca de 500.000 anos antes de se extinguirem. Todos eles produziram radionuclídeos encontrados nos rejeitos de alta atividade, incluindo mais de cinco toneladas de produtos de fissão e 1,5 tonelada de plutônio, que permaneceram no local em processo de decaimento em elementos não radioativos.

O rejeito de alta atividade resultante do reprocessamento deve ser solidificado. A França tem duas usinas comerciais com capacidade de sobra para vitrificar o rejeito de alta atividade proveniente do combustível nuclear reprocessado, e há também plantas significativas no Reino Unido e na Bélgica. A capacidade dessas plantas na Europa Ocidental é de 2.500 ampolas (1.000 t) por ano, e algumas estão em funcionamento há três décadas.

Até a data atual não houve nenhuma necessidade prática de repositórios finais (depósitos definitivos) de rejeitos de alta atividade, visto que o primeiro armazenamento de superfície deve ser feito por 40 a 50

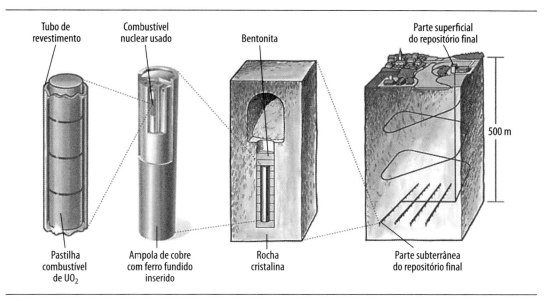

FIGURA 5.2 – O conceito sueco para a disposição do combustível nuclear usado com uma ilustração do conceito multibarreira.
Fonte: Adaptado de International Atomic Energy Agency (IAEA). *Nuclear Power and Sustainable Development*, Viena, 2006.

anos para que o calor e a radioatividade possam cair a níveis que tornem mais fácil o manuseio e o armazenamento desse tipo de rejeito.

O processo de seleção adequado de depósitos geológicos profundos (repositórios) está hoje em curso em vários países. A Finlândia e a Suécia (Figura 5.2) estão bem avançadas com planos para a eliminação direta de combustível utilizado, uma vez que os respectivos parlamentos decidiram avançar com base no que já está comprovado, utilizando a tecnologia existente. Ambos os países têm sítios selecionados. Os Estados Unidos optaram por um repositório final em Yucca Mountain, em Nevada, que está sendo implantado em ritmo lento, devido a indecisões de natureza política. Há também propostas para repositórios internacionais de rejeitos de alta atividade em estruturas geológicas bastante apropriadas[10].

A questão pendente é saber se o combustível usado deve ser colocado de modo a ser facilmente recuperável dos repositórios. Há boas razões

---

[10] Mais informações em *World Nuclear News*. Europe steps towards shared repository concept, 11 fev. 2009. Disponível em: <http://www.world-nuclear-news.org/newsarticle.aspx?id=24640>. Acesso em: 5 nov. 2009.

para manter essa opção em aberto, pois é possível que as gerações futuras venham a considerá-lo um recurso energético valioso. Por outro lado, o confinamento definitivo poderia aumentar a segurança de longo prazo da instalação. Depois de o combustível ser enterrado por cerca de mil anos, a maior parte da radioatividade terá decaído. A quantidade de radioatividade restante seria semelhante à do minério de urânio de ocorrência natural a partir do qual se originou, porém mais concentrada.

Uma lei francesa de 2006 diz que a disposição dos rejeitos de alta atividade deve ser "reversível". França, Suíça, Canadá, Japão e Estados Unidos exigem a possibilidade de recuperação, o que é também a política na maioria dos outros países, mas isso pressupõe que, no longo prazo, o repositório deva ser selado para satisfazer aos requisitos de segurança.

5.4   Novas tecnologias

As novas tecnologias em consideração estão associadas ao desenvolvimento de reatores da Geração IV, compreendendo reatores rápidos e reatores incineradores de rejeitos, que visam: reduzir a quantidade e a toxicidade dos resíduos nucleares a serem destinados para a eliminação geológica; ampliar o uso eficaz e reduzir o custo da eliminação geológica; reduzir os estoques de plutônio e, finalmente, recuperar a energia útil ainda presente no combustível usado das centrais nucleares comerciais.

Essas tecnologias contemplam a recuperação de elementos do grupo dos actinídeos (plutônio, amerício e cúrio), que estão presentes no combustível usado dos reatores das centrais nucleares comerciais hoje em funcionamento. Como mostrado na Figura 5.3, após um período de 300 anos, a toxicidade do combustível irradiado sem actinídeos atingirá os valores do minério natural de urânio. De maneira semelhante, também é reduzida a carga de calor que vem sobretudo do decaimento radioativo dos actinídeos de longa vida.

A transmutação do combustível nuclear fará com que sua escala de tempo seja trazida para uma escala de gestão comparável aos tempos médios de degradação de vários materiais presentes nos rejeitos industriais e energéticos, até que atinjam seu estado natural.

Conforme visto na Seção 2.3, os desenvolvimentos na área da fusão nuclear poderão vir a contribuir em muito para viabilizar a transmu-

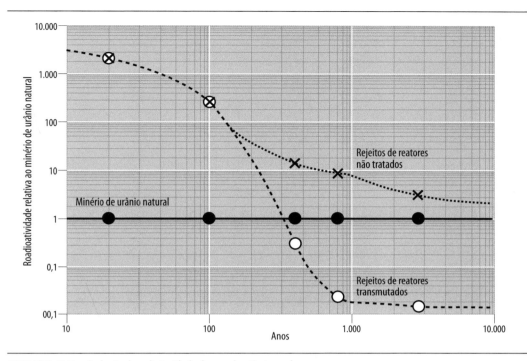

FIGURA 5.3 – Redução da radiotoxidade dos combustíveis usados.
Fonte: NE/DOE Advanced Fuel Cycle Initiative, Office of Nuclear Energy, Science and Technology, jan. 2006. Disponível em: <http://www.gnep.gov/pdfs/AFCI.pdf>.

tação de rejeitos de alta atividade presentes no combustível nuclear usado pelos reatores de fissão.

Note-se que o CO_2 emitido para a atmosfera requer cerca de 50 a 200 anos para ser reabsorvido pelas plantas oceânicas. Outros materiais, como sacos plásticos, pilhas, baterias e latas de alumínio, requerem de 100 a 500 anos para degradar até o estado natural, enquanto garrafas de vidro requerem um tempo indeterminado[11].

[11] GOLDEMBERG, J. *Energia, meio ambiente e desenvolvimento*. São Paulo: Edusp, 2004.

6 Resistência à proliferação

6.1 Desenvolvimento da tecnologia nuclear e proliferação

O desenvolvimento da tecnologia nuclear militar teve início durante a Segunda Guerra Mundial e culminou com o lançamento de duas bombas nucleares feitas a partir de urânio-235 e de plutônio-239 sobre as cidades japonesas de Hiroshima e Nagasaki, respectivamente. Em agosto de 1945, esses eventos promoveram o fim súbito daquela longa guerra.

A possibilidade prática de liberar a imensa energia encerrada no núcleo do átomo havia sido demonstrada, fazendo com que as atenções se voltassem para suas aplicações civis. No curso de meio século, a tecnologia nuclear permitiu o acesso a uma fonte abundante de energia, notadamente para o momento atual, considerando o potencial de crescentes restrições à utilização de combustíveis fósseis. O uso civil da energia nuclear tem sido associado ao risco da proliferação das armas nucleares, o que não condiz com as evidências, conforme discutido nesta seção.

O urânio processado para a geração de eletricidade não é utilizável para a produção de armamentos. O urânio usado em combustível para geração nucleoelétrica é, em geral, enriquecido a cerca de 3% a 4% do isótopo U_{235}, em comparação com o enriquecimento acima de 90%, necessário para a utilização em armamentos. Para fins de controle internacional pelas chamadas salvaguardas, o urânio é considerado "de baixo enriquecimento" quando ele atinge até 20% de U_{235}.

O plutônio é produzido no núcleo de um reator comercial como uma parte do combustível de urânio. O plutônio contido nos elementos combustíveis é composto em geral por cerca de 60% a 70% de Pu_{239}, em comparação com plutônio para armamentos, que requer mais de 93% de Pu_{239}. O plutônio para armamentos não é produzido em reatores nucleares comerciais, mas em reatores projetados para esse fim, que são operados com as mudanças frequentes de combustível para produzir material com baixa queima e com uma proporção elevada de Pu_{239}.

O plutônio produzido a partir do reprocessamento de combustível nuclear comercial usado só serve para reutilização em combustíveis de reatores comerciais. Ele não é e nunca foi usado para a produção de armamentos, em virtude da elevada taxa de fissão espontânea e de radiação de seus isótopos mais pesados, como o Pu_{240}, que liberam grandes quantidades de calor, o que torna qualquer tentativa de uso fadada ao insucesso prático[1].

A energia nuclear civil não tem sido a causa ou o caminho para o acesso às armas nucleares em qualquer país que as possua, e nenhum urânio transacionado para produção de eletricidade já foi desviado para uso militar. Todos os programas de armas nucleares têm sido precedidos ou aumentados de forma independente da energia nuclear civil, como mostrado recentemente pela Coreia do Norte[2].

Quanto à proliferação, a seguinte perspectiva é relevante: apenas cinco toneladas de urânio natural são necessárias para produzir uma arma nuclear. O urânio é onipresente, e seu custo, para aplicação militar, não é obstáculo para sua obtenção em tais quantidades a partir da maioria dos granitos, ou da água do mar – fontes que não seriam econômicas para uso comercial. Diferentemente, o comércio mundial para a produção de eletricidade, que é de cerca de 66.000 toneladas de urânio por ano, é na sua totalidade contabilizado e controlado, conforme discutido na próxima seção.

---

[1] Australian Safeguards & Non-proliferation Office, Euratom.
[2] *Bulletin of Atomic Scientists*, mar. 2003. *North Korea's nuclear program 2003*.

Enquanto reatores nucleares em si não são uma preocupação para a proliferação, as tecnologias de enriquecimento e de reprocessamento estão abertas à utilização para outros fins e, com efeito, têm sido a causa de proliferação por meio da utilização ilícita não submetida às salvaguardas internacionais. Casos como o do Iraque e da Coreia do Norte mostram que o urânio utilizado como combustível veio provavelmente de origem doméstica, e as principais instalações nucleares que existem para esse fim foram construídas pelos próprios países, sem serem declaradas à AIEA ou em acordos de salvaguardas.

6.2 Desarmamento e esforços contra a proliferação nuclear

Na década de 1960 havia um amplo consenso de que haveria de 30 a 35 Estados com armas nucleares na virada do século. Na verdade, havia oito – um testemunho incontestável da eficácia do Tratado Nuclear de Não Proliferação (TNP) e seus incentivos, tanto contra as armas como para a energia nuclear civil, apesar da influência nefasta da Guerra Fria (1950 a 1980), que viu uma enorme acumulação de armas nucleares, sobretudo pelos Estados Unidos e pela antiga União Soviética.

Hoje, 187 Estados são signatários do TNP. Dentre eles, os cinco Estados que declararam possuir armas nucleares são a China, a França, a Federação Russa, o Reino Unido e os Estados Unidos, que tinham fabricado e explodido um artefato nuclear antes de 1967. Os principais países que permanecem fora da TNP são Israel, a Índia e o Paquistão, apesar de a Coreia do Norte ter se juntado a eles. Todos esses países têm programas de armas que chegaram à maturidade na década de 1970. Para sua participação no TNP, eles teriam de renunciar a suas armas e desmantelá-las. Em 2008 um regime especial foi acordado internacionalmente com a Índia, trazendo-a como participante.

Os principais objetivos do TNP são: interromper a proliferação de armas nucleares, fornecer segurança para Estados não possuidores de armas nucleares que abriram mão dessa opção, promover a cooperação internacional na utilização pacífica da energia nuclear e prosseguir as negociações de boa-fé para desarmamento nuclear, levando à eliminação das armas nucleares.

O fator mais importante em que se assenta o regime internacional de salvaguardas é a pressão política, que envolve a questão de como nações em particular perseguem os seus interesses de segurança de longo prazo em relação aos seus vizinhos imediatos. A solução para a proliferação de armas nucleares é, portanto, mais política do que técnica, e certamente vai além da questão da disponibilidade de urânio. A pressão internacional para não adquirir armas é suficiente para deter a maioria dos Estados no desenvolvimento de um programa de armas. O principal risco da proliferação de armas nucleares sempre vem dos países que não aderiram ao TNP e que tenham atividades nucleares significativas não salvaguardadas, e daqueles que aderiram, mas desconsideram seus compromissos no tratado.

Cabe à AIEA executar inspeções regulares nas instalações nucleares civis para verificar a exatidão da documentação fornecida a ela. A AIEA controla os inventários e executa a amostragem ambiental e a análise de materiais. As salvaguardas são projetadas para impedir o desvio de materiais nucleares, aumentando a probabilidade de detecção precoce. Elas são complementadas por acordos regionais[3] e por controles sobre a exportação de tecnologias sensíveis por meio de organizações de voluntários, como o Grupo de Fornecedores Nucleares[4]. As salvaguardas são apoiadas pela ameaça de sanções internacionais.

É importante entender que as salvaguardas nucleares são uma forma de garantia pela qual os Estados que não possuem armas nucleares demonstram aos outros que eles estão cumprindo seus compromissos pacíficos. Eles impedem a proliferação nuclear, da mesma forma como os procedimentos de auditoria criam confiança na conduta financeira e impedem os desfalques. Seu objetivo específico é verificar se o material nuclear declarado (normalmente comercializado) permanece dentro do

---

[3] A Agência Brasileiro-Argentina de Contabilidade e Controle de Materiais Nucleares (Abacc) é um exemplo desse tipo de acordo. Trata-se de um organismo binacional criado pelos governos do Brasil e da Argentina, responsável por verificar o uso pacífico dos materiais nucleares que podem ser usados direta ou indiretamente na fabricação de armas de destruição em massa. A Abacc foi instituída pelo Acordo para o Uso Exclusivamente Pacífico da Energia Nuclear firmado em 1991 entre a Argentina e o Brasil. Por meio dele, foi estabelecido o Sistema Comum de Contabilidade e Controle de Materiais Nucleares (SCCC) que é administrado pela Abacc. Mais informações em: <http://www.abacc.org/port/ abacc/abacc.htm>.

[4] O Grupo de Fornecedores Nucleares começou em 1974 com sete membros (Estados Unidos, a ex-URSS, Reino Unido, França, Alemanha, Canadá e Japão), mas agora inclui 45 países. Zela para que as transferências de materiais ou equipamentos nucleares não sejam desviadas para atividades não salvaguardadas do ciclo do combustível nuclear, ou para atividades associadas com explosivos nucleares, o que inclui exigências de garantias formais dos governos dos beneficiários. As orientações desse grupo também reconhecem a necessidade de medidas de proteção física na transferência de tecnologia de instalações e materiais sensíveis utilizáveis em armas.

ciclo do combustível nuclear civil e está sendo utilizado exclusivamente para fins pacíficos ou não.

Os Estados signatários do TNP e que não possuem armas nucleares concordam em aceitar as medidas técnicas de salvaguardas aplicadas pela AIEA. Elas exigem que os operadores de instalações nucleares mantenham e declarem registros contábeis detalhados de todos os movimentos e transações envolvendo materiais nucleares. Quase 900 instalações nucleares e centenas de outras localidades em 57 países sem armas nucleares são objeto de inspeção periódica. Os seus registros de material nuclear são auditados. Inspeções pela AIEA são complementadas por outras medidas, tais como câmeras de vigilância e instrumentação.

O objetivo das salvaguardas da AIEA é impedir o desvio de materiais nucleares das utilizações pacíficas, maximizando a probabilidade de detecção precoce. Em um nível mais amplo, garantir à comunidade internacional que os países estão honrando os seus compromissos de uso de materiais e instalações nucleares para fins exclusivamente pacíficos. Dessa forma, as salvaguardas são um serviço para a comunidade internacional e para cada país, que reconhecem que é de seu próprio interesse demonstrar o cumprimento desses compromissos. O sistema baseia-se em:

- Responsabilidade sobre o material – monitorando todas as transferências internas e externas e do fluxo de materiais, em qualquer instalação nuclear. Isso inclui a amostragem e a análise de materiais nucleares, inspeções *in loco*, análise e verificação dos registros de funcionamento.

- Segurança física – restringindo o acesso a materiais nucleares no local de uso.

- Confinamento e vigilância – utilização de selos, máquinas automáticas e outros instrumentos para detectar o movimento não declarado ou a adulteração de materiais nucleares, bem como controles *in loco*.

Depois da descoberta de um programa clandestino no Iraque, foi iniciado em 1993 um programa para fortalecer e ampliar o sistema clássico de salvaguardas, por meio de um modelo de protocolo adicional, aprovado pelo Conselho de Governadores da AIEA em 1997. Esse protocolo visa aumentar a capacidade da AIEA para detectar atividades nucleares não declaradas, incluindo aquelas sem ligação com o ciclo do combustível civil.

Os elementos-chave do modelo de protocolo adicional são:

- A AIEA está fornecendo mais informações sobre centrais nucleares e atividades relacionadas, incluindo atividades de Pesquisa e Desenvolvimento (P&D), produção de urânio e tório (independentemente de essa produção estar sendo comercializada) e informações nucleares relacionadas com importação e exportação.

- Inspetores da AIEA têm mais direitos de acesso a qualquer local suspeito, em curto prazo (duas horas, por exemplo), e a AIEA pode implantar técnicas para amostragem ambiental e monitoramento remoto para detectar atividades ilícitas.

- Os Estados devem agilizar os procedimentos administrativos para que inspetores da AIEA obtenham visto de plena renovação e possam se comunicar mais facilmente com a sede da AIEA.

Estados não detentores de armas no acordo de salvaguardas e com protocolo adicional em vigor com a AIEA procuram fazer com que a AIEA diga, a cada ano, não só que declararam os materiais nucleares que permanecem em atividades pacíficas, mas também que não existem materiais ou atividades nucleares não declarados.

Para Estados membros detentores de armas nucleares, o objetivo do protocolo adicional é diferente: fornecer à AIEA informações sobre a oferta de cooperação nuclear com os Estados não detentores de armas. Tais informações ajudam a AIEA em seu objetivo de detectar quaisquer atividades não declaradas em Estados não detentores de armas.

Do exposto anteriormente e segundo visão de especialistas, não há nenhuma chance de que o renascente problema da proliferação de armas nucleares seja resolvido pelo distanciamento da energia nuclear ou pela interrupção do comércio de dezenas de milhares de toneladas por ano necessários para ele[5].

---

[5] Mais informações: World Nuclear Association, Safeguards to Prevent Nuclear Proliferation. Disponível em: <http://www.world-nuclear.org/info/inf12.html>. Acesso em: 16 nov. 2009.

7 Aceitação pública

7.1 Situação e tendências atuais

A confiança na gestão segura dos rejeitos radioativos, incluindo os mecanismos de disposição final, é um fator determinante para a aceitação pública da energia nuclear. O potencial aumento do uso da geração nucleoelétrica no futuro enfatiza a necessidade de se avançar com programas de gestão de rejeitos de alta atividade, que devem dar um fechamento seguro ao ciclo do combustível e fornecer garantias ao público de que se trata de uma solução realista e exequível.

Em muitos países, dificuldades no desenvolvimento de instalações de disposição de rejeitos, em virtude de influências sociopolíticas, levaram a acordos para que fosse feita a extensão do armazenamento intermediário[1]. Esse armazenamento pode ser realizado com segurança no curto e no médio prazos (séculos), mas a opinião coletiva da maioria dos técnicos é que essa não é uma opção sustentável no longo prazo (milênios).

Foi desenvolvido um consenso internacional sobre normas de segurança para a disposição de rejeitos na superfície e em repositórios geo-

---

[1] Armazenamento feito para que o calor e a radioatividade caiam a um milésimo do nível que tinham quando os combustíveis foram removidos, para facilitar manuseio e disposição final.

lógicos. Alguns países fizeram progressos reais com os programas de disposição em repositórios geológicos, e a atenção se volta agora para os processos de licenciamento desse tipo de instalação na Finlândia, na Suécia e nos Estados Unidos. Portanto, para aumentar a aceitação pública da energia nuclear, é fundamental a consolidação de um regime de segurança nuclear mundial, fornecendo um quadro coerente e harmonizado para a segurança da disposição geológica e, em particular, a importância da Convenção Conjunta[2] para fornecer um mecanismo de supervisão internacional que seja cada vez mais reconhecido[3].

7.2 Perspectivas futuras

A forma mais comum de descobrir se há amplo apoio nacional para a utilização da energia nuclear são as pesquisas de opinião pública. No entanto, elas têm seus pontos fracos, pois as respostas podem depender de como as questões são formuladas e até mesmo os peritos podem discordar sobre como algumas respostas devem ser interpretadas. No entanto, existem técnicas reputadas para eliminar a influência da seleção da amostra, a partir da formulação das perguntas e da interpretação dos resultados.

Na ausência de dados disponíveis de séries temporais, as tendências recentes relativas à aceitação pública da energia nuclear estão apresentadas nas Figuras 7.1 e 7.2[4]. Essas figuras podem ser consideradas instantâneos da aceitação pública da energia nuclear em países que já

---

[2] Todos os serviços de revisão de segurança da AIEA são baseados, em parte, em um mecanismo de revisão pelos pares e incluem muitas atividades de autoavaliação. Além disso, a Convenção sobre Segurança Nuclear, a Convenção Conjunta sobre a Segurança da Gestão do Combustível Irradiado e a Segurança da Gestão dos Rejeitos Radioativos (Convenção Conjunta) exigem a produção de um relatório de autoavaliação que descreva a forma como cada Parte Contratante será adequada às disposições da Convenção. Esses relatórios estão sujeitos a uma extensiva revisão de preparação durante as reuniões de revisão trienal das Partes Contratantes. A natureza e o formato desse processo de revisão fornecem uma oportunidade para discussões abertas e francas sobre as tendências, os desafios e as melhores práticas.

[3] International Atomic Energy Agency. *Measures to Strengthen International Cooperation in Nuclear*, Radiation and Transport Safety and Waste Management. Viena, 2009.

[4] International Atomic Energy Agency. *Nuclear Technology Review 2009*, Viena, 2009. Disponível em: <http://www.iaea.org/About/Policy/GC/GC52/GC52InfDocuments/English/gc52inf-3_en.pdf>. Acessio em: 30 out. 2009.

Aceitação pública

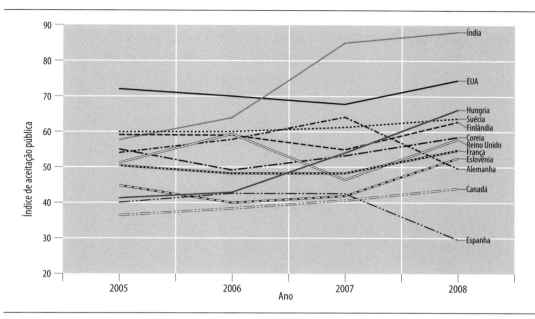

FIGURA 7.1 – Aceitação pública da energia nuclear em países que a utilizam.
Fonte: AIEA – *Nuclear Technology Review 2009*.

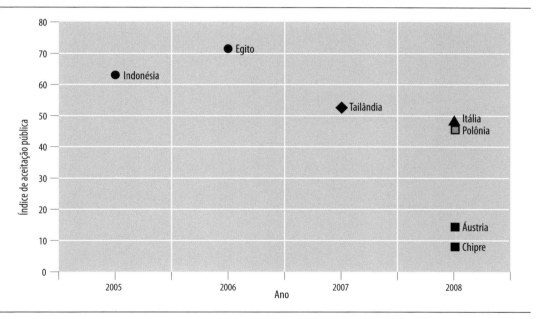

FIGURA 7.2 – Aceitação pública da energia nuclear em países iniciantes ou reiniciantes.
Fonte: AIEA – *Nuclear Technology Review 2009*.

utilizam a energia nuclear (Figura 7.1) e em alguns países que não utilizam a energia nuclear (Figura 7.2). O valor da escala vertical é dado pelo índice de aceitação pública e é a média das pesquisas analisadas por um determinado país e ano, normalizada para uma escala de 0 (rejeição total) a 100 (aprovação total).

O índice de aceitação em países que já possuem programas nucleares (Figura 7.1) é em geral superior aos índices dos países que não a possuem (Figura 7.2).

Entre os 12 países com programas nucleares mostrados na Figura 7.1, a aceitação pública aumentou em 2008 na maioria dos casos. As duas exceções foram a Espanha e a Alemanha, países onde está em vigor uma política de encerramento completo da geração nucleoelétrica no médio prazo e onde o tema é objeto de forte polarização político-partidária. O terceiro país na Figura 7.1 com uma política de eliminação gradual da energia nuclear, a Suécia, mostra um apoio mais forte, mais estável e com ligeiro aumento em favor da manutenção da energia nuclear.

Dos sete países sem programas de energia nuclear mostrados na Figura 7.2, cinco são considerados iniciantes ou reiniciantes de programas de energia nuclear: Egito, Indonésia, Itália, Polônia e Tailândia. Nos últimos cinco anos, os índices de aceitação pública estão acima ou próximos dos 50%.

Em pesquisa recente[5] conduzida pela empresas de consultoria Accenture[6] mais de 66% das pessoas ao redor do mundo acreditam que

---

[5] A metodologia da pesquisa da Accenture, realizada em novembro de 2008, foi implementada por meio de uma série de entrevistas de 20 minutos realizadas on-line em línguas nativas, com 10.508 pessoas em 20 países participantes. A amostra selecionada foi representativa da população geral, exceto em países emergentes, onde a amostra é representativa da população urbana. A pesquisa foi realizada nos seguintes países: Austrália, Bélgica, Brasil, Canadá, China, França, Alemanha, Grécia, Hungria, Índia, Itália, Japão, Holanda, Rússia, Eslováquia, África do Sul, Espanha, Suécia, Reino Unido e Estados Unidos. Disponível em: <http://newsroom.accenture.com/article_display.cfm?article_id=4810>. Acesso em: 15 de. 2009.

[6] A Accenture é uma consultoria global de gestão, serviços de tecnologia e outsourcing. Combina experiência e competências em todos os setores e funções de negócio, além de dispor de extensa pesquisa sobre as empresas mais bem-sucedidas do mundo. Tem clientes nos setores privados e governamentais e conta com mais de 186.000 pessoas, atendendo a clientes em mais de 120 países. Teve receitas líquidas de US$ 23,39 bilhões para o ano fiscal encerrado em 31 de agosto de 2008. Home page: <www.accenture.com>. Acesso em: 15 dez. 2009.

seus países deveriam começar a usar ou aumentar a utilização da energia nuclear. Embora a grande maioria (88%) dos consumidores tenha dito acreditar que é importante que seus países reduzam a dependência dos combustíveis fósseis, houve divisão quanto ao rumo a ser seguido para atingir essa meta.

Nessa divisão de opiniões, um número um pouco maior de respondentes disse acreditar que, sozinhas, as energias renováveis não podem preencher a lacuna que será deixada pelos combustíveis fósseis (43% contra 39%). Mais de quatro em cada 10 consumidores (43%) disseram ver a energia nuclear como um meio para alcançar um futuro de baixo carbono, com 9% considerando um aumento apenas da energia nuclear para ajudar a reduzir a dependência dos combustíveis fósseis e outros 34% considerando um mix entre energia nuclear e as renováveis.

Para os respondentes que se opõem à geração de energia nuclear em seus países, os três principais fatores para a oposição foram preocupações sobre as soluções de eliminação eficiente dos rejeitos, a segurança das operações de usina e o descomissionamento das instalações nucleares (citados por 91%, 90% e 80% dos respondentes, respectivamente). Em cada caso, quase a metade (45%) daqueles que se opõem à energia nuclear dizem que mais informações sobre esses três fatores os fariam mudar de ideia totalmente ou em parte.

Segundo Daniel P. Krueger, chefe do setor que trata de energia nuclear na Accenture, "a transparência da informação é o fator mais importante de apoio ao consumidor, os resultados da nossa pesquisa mostram que a opinião pública pode ser mudada significativamente em função das informações disponíveis" e "os governos precisam ser mais claros sobre as razões para as suas estratégias de energia nuclear a fim de garantir que alinhará o apoio do público com as suas decisões de aumentar, diminuir ou manter o seu compromisso com energia nuclear".

Outro resultado interessante dessa pesquisa refere-se à perspectiva geográfica. O maior apoio para a energia nuclear como forma de reduzir a dependência de combustíveis fósseis, de forma autônoma ou em combinação com as energias renováveis, veio de respondentes da Índia (67%), da China (62%), dos Estados Unidos (57%) e da África do Sul (55%). O apoio foi muito inferior na França (37%), na Itália (37%), na Bélgica (36%), na Alemanha (31%), no Brasil (29%), na Grécia (28%) e na Espanha (28%).

8 Considerações finais

A energia é um insumo fundamental para o desenvolvimento econômico e para a melhoria da qualidade de vida das populações. Os serviços de energia habilitam o atendimento das necessidades humanas básicas, como alimentação e moradia, e contribuem para o desenvolvimento social, melhorando a educação e a saúde pública. Nesse contexto, o acesso à eletricidade é vital para o desenvolvimento humano, pois é indispensável para determinadas atividades, tais como iluminação, refrigeração e o funcionamento de eletrodomésticos.

As tendências do cenário mundial de energia discutidas no Capítulo 1 colocam o mundo em um curso que resulta na duplicação da concentração de dióxido de carbono (CO_2) na atmosfera, evoluindo das 380 partes por milhão (ppm), em 2005, para cerca de 700 ppm no próximo século. Levando-se em conta todos os gases de efeito estufa em todos os setores, o resultado seria uma concentração de CO_2 equivalente (CO_2e) de cerca de 1.000 ppm, correspondendo a um aumento médio da temperatura global de até 6 °C, em relação aos níveis pré-industriais.

Existe um consenso, pelo menos por parte dos cientistas e estudiosos, quanto à necessidade de alteração das políticas atuais de energia, sob pena de o planeta sofrer impactos severos, resultantes das alterações climáticas. A energia, que hoje responde, em nível mundial, por dois terços das emissões de gases de efeito estufa, é o cerne do problema e deve, portanto, formar o núcleo da solução.

Vale mencionar que, diferente da situação da maioria dos países, o setor de energia do Brasil não é o principal emissor de CO_2, mas o desmatamento é o responsável por colocar o Brasil na condição de um dos maiores emissores mundiais de gases de efeito estufa. É importante observar que o consumo de eletricidade no Brasil está projetado para um crescimento de 176% no período entre 2005 e 2030[1], enquanto o aumento das emissões brutas de CO_2 situa-se entre 28% a 97%, dependendo do cenário considerado, evidenciando uma matriz energética de baixo carbono.

Em sua análise, a AIE foca no cenário denominado 450, cuja meta é a estabilização de longo prazo da concentração de gases de efeito estufa na atmosfera em 450 partes por milhão de CO_2 equivalente. Para isso, devem ser promovidas profundas alterações na forma de utilização de energia, de modo a proporcionar um futuro sustentável.

Com relação à geração de energia elétrica de fonte nuclear, existe consenso quanto à necessidade da contribuição dessa tecnologia para fazer frente aos desafios da redução das emissões de CO_2. Entretanto o grau de participação e, consequentemente, as projeções divergem, dependendo do organismo que as elabora e da combinação de uma série de pressupostos. Essas projeções variam entre cerca de 480 GWe e 750 GWe de capacidade nuclear elétrica instalada em 2030.

O planejamento oficial no Brasil[2] prevê um crescimento da geração nuclear entre 4 e 8 GWe para 2030, incluindo a construção de novas usinas nucleares de 1 GWe nominal após a conclusão da usina nuclear de Angra 3. A contribuição da geração nuclear no consumo de eletricidade deverá evoluir, a partir dos atuais 2,6%, para valores acima de 5% em 2030.

É importante observar que a motivação brasileira para a adoção da opção nuclear é distinta da maioria dos países, que em grande parte não possuem reservas próprias de recursos energéticos e têm suas ma-

---

[1] Veja Seção 1.4.

[2] Empresa de Pesquisa Energética (EPE/MME). "Plano Nacional de Energia 2030". Rio de Janeiro: EPE, 2007. 408p. Disponível em: <http://www.epe.gov.br/PNE/20080111_1.pdf>. Acesso em: 2009.

trizes de energia elétrica centradas no carvão e no petróleo e seus derivados. Esses aspectos colocam esses países expostos a problemas de segurança energética, traduzidos no dispêndio de recursos para importação de combustíveis fósseis, na volatilidade do preço dessas *commodities* no mercado internacional e no risco de interrupção em caso de conflitos. Outra dificuldade está associada ao cumprimento das metas de redução de emissões ligadas a acordos internacionais, cuja tendência parece inexorável, tendo em vista as consequências das alterações climáticas previstas caso nenhuma atitude venha a ser tomada.

Diferentemente do que ocorre em outros países, a motivação para expandir a opção nuclear no Brasil é determinada pela necessidade de conferir maior confiabilidade e diversificação ao sistema elétrico brasileiro, cuja vulnerabilidade foi evidenciada pela crise de energia ocorrida no ano de 2001, chamada de "apagão". A energia nuclear apresenta uma complementaridade estratégica em relação à geração hidroelétrica, por ser sempre despachada na base. Essa alternativa reforça a característica de baixa emissão de gases de efeito estufa da matriz elétrica brasileira e promove o arraste tecnológico, por meio do estímulo ao desenvolvimento industrial e tecnológico do país, fortalecendo setores especializados no fornecimento de equipamentos, combustível e instalações com alto conteúdo tecnológico.

Existem recursos de urânio suficientes para suportar um crescimento significativo da capacidade de geração nucleoelétrica no longo prazo. As reservas identificadas são suficientes para mais de 80 anos, considerando as necessidades do ano de 2006, de 66.500 tU. Utilizando as taxas de utilização efetivas de 2006, a base de recursos identificados seria suficiente para cerca de 100 anos de abastecimento dos reatores, sem levar em conta a poupança de urânio conseguida, por exemplo, com a redução das caudas de enriquecimento e a utilização de combustível MOX. A exploração de todas as reservas convencionais aumentaria esse prazo para cerca de 300 anos, embora a exploração e o desenvolvimento exijam significativos investimentos. Como a indústria nuclear é bastante recente e a cobertura mundial de exploração de urânio é limitada, há um considerável potencial para a descoberta de novos recursos de interesse econômico. Para alcançar a sustentabilidade, o efeito combinado da exploração mineral e do desenvolvimento tecnológico deve criar recursos pelo menos no mesmo ritmo em que eles vão sendo consumidos.

Para consolidar a sustentabilidade da opção nuclear no longo prazo, reatores de Geração IV estão sendo desenvolvidos para uso de combustíveis avançados, obtidos a partir da reciclagem dos combustíveis utilizados nos reatores atuais e aptos para atingir altas queimas. As estratégias de ciclo de combustível visam permitir a utilização eficiente dos recursos domésticos de urânio e minimizar desperdícios. Muitas inovações futuras incidirão em sistemas que empregam nêutrons rápidos e que podem produzir mais material físsil, na forma de plutônio-239, do que é consumido. Nêutrons rápidos em reatores rápidos também habilitam essas instalações para a transmutação de certos radioisótopos de longa duração, reduzindo a carga ambiental e a gestão de rejeitos radioativos de alto nível.

Mesmo sendo a única forma de geração elétrica de grande porte que se responsabiliza pelos custos de descomissionamento de suas instalações e da gestão e disposição final dos rejeitos gerados, internalizando esses custos (cobrando por eles na tarifa passada aos consumidores), a geração nucleoelétrica é economicamente competitiva com outras formas de geração de eletricidade, exceto quando há acesso direto, e a baixo custo, a combustíveis fósseis. Essa competitividade pode ser alterada de forma acentuada, caso venham a ser cobradas taxas pela emissão de gases de efeito estufa das usinas de combustíveis fósseis.

A quantidade de rejeitos radioativos gerada pelas nucleoelétricas é muito pequena em relação aos resíduos produzidos por combustíveis fósseis na geração de eletricidade. O combustível nuclear usado pode ser tratado como um recurso ou simplesmente como um rejeito. Métodos seguros para a destinação final de rejeitos altamente radioativos são tecnicamente comprovados e existe um consenso internacional de que sua disposição final deve ser feita em camadas geológicas profundas.

Desde 1970, o sistema de salvaguardas internacionais, com apoio de medidas diplomáticas e econômicas, impediu com sucesso o desvio de materiais físseis de uso em reatores comerciais para a fabricação de artefatos nucleares. Seu âmbito foi ampliado para resolver atividades nucleares não declaradas. A AIEA empreende inspeções regulares nas instalações nucleares civis e audita a circulação de materiais nucleares, da mesma forma que os procedimentos de auditoria criam confiança na conduta financeira e impedem os desfalques. Seu objetivo específico é verificar se o material nuclear declarado (normalmente comercializado) permanece dentro do ciclo do combustível nuclear civil e está sendo utilizado exclusivamente para fins pacíficos.

Não existem dados abrangentes relativos à aceitação pública da energia nuclear. Tendências medidas nos últimos cinco anos mostram uma melhoria na aceitação pública em países que já utilizam a energia nuclear, exceto aqueles, como Alemanha e Espanha, que têm política para encerramento gradual e completo da energia nuclear. A confiança na gestão segura dos rejeitos radioativos, incluindo os mecanismos de disposição final, é um fator importante para a aceitação pública da energia nuclear. O potencial aumento do uso da geração nucleoelétrica no futuro enfatiza a necessidade de se avançar com programas de gestão de rejeitos de alta atividade, que devem dar um fechamento seguro ao ciclo do combustível e fornecer garantias ao público de que essa é uma solução realista e exequível.

9 Anexo

Tabela A.1 – Capacidade instalada de geração de energia nuclear até 2030 (MWe líquido, projeção conforme cenário de janeiro de 2007)						
País	**2020**		**2025**		**2030**	
	Baixa	**Alta**	**Baixa**	**Alta**	**Baixa**	**Alta**
Argentina	2.320*	2.320*	1.985*	3.700	1.985*	4.060*
Armênia	0	700	0	700	0	1.400
Bielorússia	0	1.000	1.000	1.000	1.000	1.000
Bélgica	4.035	5.825	2.025	5.825	0	5.825
Brasil	3.905*	3.905	4.095*	5.095*	4.095*	8.095*
Bulgária	3.905[b]	3.905*	3.905*	3.905[b]	3.905*	3.905[b]
Canadá	14.000	14.000+	15.000*	17.000*	17.000*	20.000*
China[a]	30.000	40.000	40.000	50.000	50.000	60.000
República Checa	3.550	3.750	3.600	3.750	3.600	3.750
Egito*	0	600	0	1.200	0	1.800
Finlândia	4.280	4.280	4.280	4.280	4.280	4.280
França	63.130	64.700	64.700	64.700	64.700	64.700
Alemanha	1.300	4.000	0	0	0	0

Fonte: Resources, Production and Demand. Joint Report by The OCDE Nuclear Energy Agency and the International Atomic Energy Agency, 2008. Uranium: 2007.

Tabela A.1 – (*Continuação*)						
País	**2020**		**2025**		**2030**	
	Baixa	**Alta**	**Baixa**	**Alta**	**Baixa**	**Alta**
Hungria	1.920	1.920	1.920	1.920	1.920	1.920
Índia	13.725*	19.435	19.435*	27.665*	19.435*	35.425*
Indonésia*	0	900	900	1.800	900	3.600
Irã	6.000	6.000	11.000	11.000	16.000	20.000
Japão	56.355*	62.780*	62.780*	69.280*	62.980*	72.080*
Cazaquistão	0	600*	0	600*	0	600*
República da Coreia	25.530	26.910	25.530	26.910	25.530	26.910
Lituânia	1.500*	1.500*	1.500*	3.000*	1.500*	3.000*
Malásia*	0	0	0	0	0	900
México	1.510*	1.580+	1.510*	1.580+	1.510*	1.580+
Holanda	480	480	480	480	480	480
Paquistão*	900	1.975	1.850	3.750	1.850	6.000
Polônia	0	0	1.500	1.500*	4.500	4.500*
Romênia*	1.950	1.950	1.950	2.950	1.950	2.950
Federação Russa	37.000	44.000	40.000	50.000	42.000	60.000
República Eslovaca	1.740	2.610	1.740	2.610	870	2.640
Eslovênia	695	2.220	695	2.200	695	2.200
África do Sul	10.500	15.340	16.000	25.000	20.000	25.000
Espanha	7.450	7.450	7.300*	9.250*	7.300*	10.750*
Suécia	10.080+	10.080*	10.080+	10.080*	10.080+	10.080*
Suíça	2.865	3.220	2.135	3.220	0	3.220
Turquia	4.500	4.500	4.500*	4.500*	4.500*	5.000*
Ucrânia	16.600	20.200	18.800	26.200	20.000	26.200
Reino Unido	3.700	11.070*	1.200	11.660*	1.200	12.700*
EUA	108.500	111.700	108.500	118.300	105.900	128.700
Vietnã	0	1.000	1.000	2.000	1.000	3.000
Total OCDE	**314.925**	**340.855**	**317.280**	**355.345**	**311.850**	**374.715**
Total Mundial	**450.735**	**516.495**	**490.515**	**587.530**	**509.080**	**663.050**

Tabela A.2 – Demanda anual de urânio para reatores até 2030 (toneladas de U, arredondados para cinco toneladas)						
País	**2020**		**2025**		**2030**	
	Baixa	**Alta**	**Baixa**	**Alta**	**Baixa**	**Alta**
Argentina	475*	475*	400*	750*	400*	825*
Armênia	0	180	0	180	0	300
Bielorússia	0	180	0	180	0	180
Bélgica	750	1.075	375	1.075	0	1.075
Brasil	810*	810*	1.000*	1.200*	1.000*	2.000*
Bulgária	1.050	1.050*	1.050	1.050*	1.050	1.050*
Canadá	2.000	2.300	2.400*	2.600*	2.600*	2.900*
China[a]	5.400	7.200	7.200	9.000	9.000	10.800
República Checa	650	710	650	710	650	710
Egito*	0	110	0	220	0	380
Finlândia	640	700	640	700	640	700
França	8.000	9.000	8.000	9.000	8.000*	9.000*
Alemanha	200	350	0	0	0	0
Hungria	380	380	380	380	380	380
Índia	2.825	2.825	2.825	4.060	2.825	5.200
Indonésia*	0	160	160	325	160	650
Irã	255	255	995	995	2.475	2.475
Japão	12.500*	13.940*	13.940*	15.380*	13.980*	16.000*
Cazaquistão	0	90*	0	90*	0	90*
República da Coreia	4.800	5.300	4.800	5.300	4.800	5.300
Lituânia	270*	270*	270*	540*	270	540*
Malásia*	0	0	0	0	160*	
México	215*	425+	215+	425*	215+	425*
Holanda	70	70	70	70	70	70
Paquistão*	135	155	330	670	330	1.180
Polônia*	0	0	270	270	660	660
Romênia*	300	300	300	455	300	455

Tabela A.2 – (*Continuação*)					
País	2020		2025		2030	
	Baixa	Alta	Baixa	Alta	Baixa	Alta
Federação Russa	8.200	9.700	8.800	11.000	9.200	13.000
República Eslovaca	385	585	400	595	195	395
Eslovênia	250	750	250	750	250	750
África do Sul	1.570	2.145	2.100	3.235	3.175	3.235
Espanha	1.400	1.400	1.400	1.755*	1.400	2.040*
Suécia	1.500	1.800	1.500	1.800	1.500	1.800
Suíça	500	565	380	565	0	445
Turquia	650*	650*	650*	650*	650*	700*
Ucrânia	3.020	3.660	3.390	4.800	3.600	4.800
Reino Unido	400	1.900*	300	2.000*	300	2.200*
EUA	24.510	25.245	23.855	25.865	22.265	26.615
Vietnã	0	180	180	360	180	540
Total OCDE	**59.550**	**66.395**	**59.955**	**68.870**	**57.645**	**70.755**
Total Mundial	**85.390**	**98.600**	**90.935**	**110.510**	**93.775**	**121.955**

* Estimativa elaborada pela Secretaria de Energia da OCDE, com base nas estimativas de geração elétrica e de energia nuclear para o período 2030, da AIEA (Viena), jul. 2007.
+ Dados de Energia Nuclear, NEA, Paris, 2007.
(a) Os dados de Taipé estão incluídos no total mundial e não nos totais da China: 1.280 tU/ano e 1.510 tU/ano nos casos baixa e de alta em 2020 e 2025, respectivamente, e 1.075 tU/ano e 1.930 tU/ano nos casos de baixa e alta em 2030, respectivamente.
(b) Dados preliminares.
Fonte: Resources, Production and Demand. Joint Report by The OCDE Nuclear Energy Agency and the International Atomic Energy Agency, 2008. Uranium: 2007.